Daniel Schatz

Klausurtraining
Statik

Daniel Schatz

Klausurtraining
Statik

100 Aufgaben für das Grundfach- und Vertiefungsstudium

2., aktualisierte Auflage 2003

Teubner

B. G. Teubner Stuttgart · Leipzig · Wiesbaden

Bibliografische Information Der Deutschen Bibliothek
Die Deutsche Bibliothek verzeichnet diese Publikation in der Deutschen Nationalbibliografie;
detaillierte bibliografische Daten sind im Internet über <http://dnb.ddb.de> abrufbar.

Dipl.-Ing. (FH) Daniel Schatz, geb. 1972, war nach Abschluss seines Studiums als wissenschaftlicher Mitarbeiter für den Fachbereich Bauingenieurwesen, Vermessungskunde und Bauphysik, an der Fachhochschule Erfurt tätig und arbeitet heute als CAD-Konstrukteur.

1. Auflage September 2001
2. Auflage Februar 2003

Alle Rechte vorbehalten
© B. G. Teubner GmbH, Stuttgart/Leipzig/Wiesbaden, 2003

Der Verlag Teubner ist ein Unternehmen der Fachverlagsgruppe BertelsmannSpringer.
www.teubner.de

Umschlaggestaltung: Ulrike Weigel, www.CorporateDesignGroup.de
Druck und buchbinderische Verarbeitung: Lengericher Handelsdruckerei, Lengerich/Westfalen
Gedruckt auf säurefreiem und chlorfrei gebleichtem Papier.
Printed in Germany

ISBN 3-519-15268-1

Vorwort zur 2. Auflage

Aufgrund der sehr guten Resonanz wurde bereits ein Jahr nach Erscheinen der 1. Auflage 2001 das Erscheinen einer weiteren Auflage erforderlich. Das große Interesse des rasch vergriffenen Titels zeigte, dass dieser Klausurtrainer eine ausgezeichnete Hilfestellung bei der Erarbeitung und Festigung von Kenntnissen auf dem Gebiet der technischen Mechanik bzw. Baustatik bietet.

Das vorliegende Buch wurde gründlich aktualisiert und in einigen Bereichen durch notwendige inhaltliche und gestalterische Korrekturen ergänzt. Wie gewohnt werden auch hier wieder alle Themengebiete durch zahlreiche Skizzen illustriert.

Das Klausurtraining umfasst 100 Aufgaben zur Festigung und Erweiterung der statischen Grundkenntnisse und wurde vorzugsweise für Studenten des 1. bis 4. Semesters der Studienrichtung Bauingenieurwesen erstellt.

Die Statik ist eine der Hauptaufgaben des Bauingenieurs und ist ein wesentlicher Bestandteil des Entwurfprozesses. Zu den Aufgaben der Statik (Lehre von den Kräften bei Systemruhe) zählen die Ermittlung von Beanspruchungen, Schnittgrößen und Formänderungen. Vorausgesetzt werden hierbei mathematische Grundlagen (Lösen von Gleichungssystemen), Kenntnisse über die Berechnung von Stütz- und Schnittgrößen sowie das Arbeiten mit Kopplungstafeln für Momentenflächen (Integraltafeln), wie sie im allgemeinen Bauingenieurstudium vermittelt werden.

Bei der vorliegenden Aufgabensammlung handelt es sich nicht um ein übliches Lehrbuch. Um eine möglichst hohe Anzahl an Aufgaben zu erreichen, musste der erläuterte Text sehr kurz gehalten werden. Durch zahlreiche Abbildungen und Tabellen lassen sich die Aufgaben leichter nachvollziehen.

Um das Trainieren von statischen Problemen zu erleichtern, wurden verschiedene Themenkomplexe geschaffen, die im Inhaltsverzeichnis übersichtlich dargestellt sind, die Aufgaben mit ausführlichen Lösungswegen und Übungsaufgaben anbieten. Ein schnelles und müheloses Aufsuchen eines bestimmten Aufgabentyps wird durch eine genaue Aufgabenbezeichnung ermöglicht.

Besondere Beachtung galt der einfachen Darstellung des Lösungsweges, auf ausschweifende theoretische Erläuterungen wurde verzichtet. Eine klare Gliederung der Aufgaben, Hervorhebungen im Text und viele grafische und tabellarische Übersichten sollen das Nachvollziehen und Anwenden erlernter Kenntnisse erleichtern sowie der Veranschaulichung dienen.

Umfangreiche rechnergestützte Auswertungen in Form von Statikprogrammen kommen hier nicht zur Anwendung.

Sämtliche Übungsaufgaben beziehen sich auf die ausführlich erläuterten Aufgaben und sind durch Angabe von Zwischen- und Endergebnissen stets zu kontrollieren.

Alle Angaben hinsichtlich Tragwerksgeometrie, Belastungen, Baustoffe, Stütz- und Schnittgrößen basieren auf Maßeinheiten des Systems der Internationalen Einheiten (SI).

September 2002

Daniel Schatz

Inhaltsverzeichnis

1 Stabwerke

2   Durchlaufträger und Rahmen nach Cross

3   Statisch bestimmte Fachwerke

4 Statisch unbestimmte Fachwerke

5 Gemischtsysteme

6   Rahmen und Bogentragwerke

7   Symmetrische und antimetrische Tragwerke

8 Elastisch gelagerte Tragwerke

9 Diskontinuitäten

1 Stabwerke

1.1 Allgemeines

Dieser Abschnitt enthält Aufgaben zu statisch bestimmten und unbestimmten Vollwandträgern unter ruhender Belastung. Um Auflager- und Schnittgrößen an statisch bestimmten Systemen zu ermitteln, verwendet man die drei Gleichgewichtsbedingungen $\Sigma H = 0$, $\Sigma V = 0$ und $\Sigma M = 0$. Für die weiteren Berechnungen ist es unerlässlich, die Vorzeichen zu definieren:

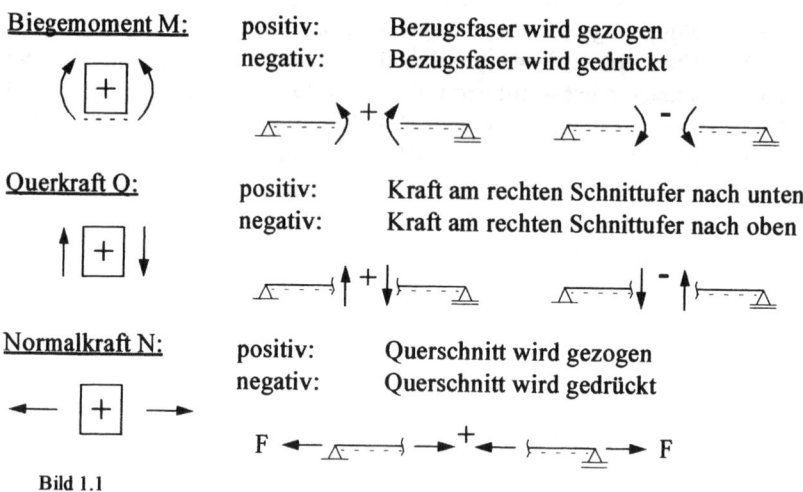

Biegemoment M:
    positiv: Bezugsfaser wird gezogen
    negativ: Bezugsfaser wird gedrückt

Querkraft Q:
    positiv: Kraft am rechten Schnittufer nach unten
    negativ: Kraft am rechten Schnittufer nach oben

Normalkraft N:
    positiv: Querschnitt wird gezogen
    negativ: Querschnitt wird gedrückt

Bild 1.1

Bei statisch unbestimmten Systemen ist zunächst der Grad der statischen Unbestimmtheit zu ermitteln, da die drei Gleichgewichtsbedingungen allein nicht mehr ausreichen. Diese Bedingung lautet: $3 \times s = a + g$

Bedeutung: s - Anzahl der Stäbe / Scheiben; a - Anzahl der Auflagerkräfte (Rollenlager, Pendelstütze: $a = 1$, Festlager, Auflagergelenk: $a = 2$, Starre Einspannung: $a = 3$); g - Anzahl der Gelenkkräfte

Um den Grad der statischen Unbestimmtheit „n" zu ermitteln, setzt man:

$$n = a + g - (3 \times s)$$

Die in diesem Kapitel enthaltenen statisch unbestimmten Systeme werden mit Hilfe des Kraftgrößenverfahrens gelöst.

Beispiel: Dreifeldträger   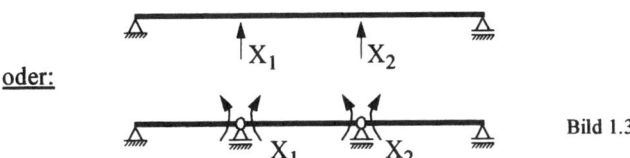   Bild 1.2

Grad der statischen Unbestimmtheit: $n = a + g - (3 \times s) = (2+3) + 0 - (3 \times 1)$

$$\underline{\underline{n = 2}}$$

Durch Einschalten von Gelenken, Zerschneiden von Stäben oder durch Wegnahme von Auflagerkräften wird zunächst das n-fach statisch unbestimmte System in ein statisch bestimmtes System umgewandelt. Es werden so viele Fesselungen gelöst und zusätzliche Freiheitsgrade geschaffen (insgesamt n), dass gerade noch ein unbewegliches System übrigbleibt. Für ein solches System lassen sich die Stütz- und Schnittkräfte allein mit Gleichgewichtsbedingungen ermitteln. Es heißt statisch bestimmtes Hauptsystem (Bild 1.3). An ihm werden alle Berechnungen vorgenommen.
Die entfernten Fesselungen oder Schnittkräfte sind die statisch Überzähligen. Sie werden mit $X_1, X_2, ..., X_n$ bezeichnet.

Statisch bestimmtes Hauptsystem:

oder:

Bild 1.3

Im statisch bestimmten Hauptsystem werden die äußeren Kräfte und die statisch Überzähligen zunächst als Einheitslasten alle getrennt angesetzt.
Die statisch überzähligen Größen $X_1, X_2, ..., X_n$ sind nun so zu ermitteln, dass die aus ihnen und den äußeren Kräften entstehenden Formänderungen mit den Bedingungen des statisch unbestimmten Systems verträglich sind. Man erhält somit ein Gleichungssystem aus n Gleichungen, in denen die Größen $X_1, X_2, ..., X_n$ als Unbekannte enthalten sind.
Die endgültigen Auflager- und Schnittkräfte des statisch unbestimmten Systems findet man durch Überlagerung der Schnittkraftflächen. Die Auswertung erfolgt mit Hilfe von Integraltafeln (Kopplungstafeln), die in allen gebräuchlichen bautechnischen Handbüchern zu finden sind.

1.2 Ausführlich erläuterte Aufgaben

1.2.1 Abgehängter Einfeldträger mit Kragarm

Ermitteln Sie die Größe der Kraft F unter der Bedingung, dass das Biegemoment im Feld a-b an der Stelle x = 5 m betragsmäßig gleich dem Biegemoment im Punkt b ist.

Statisches System und Belastung:

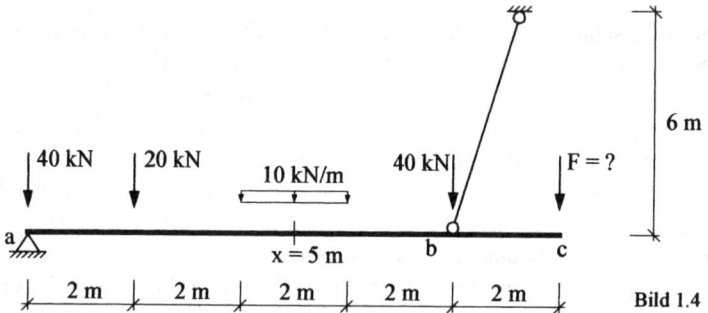

Bild 1.4

Lösung:

Grad der statischen Unbestimmtheit:

$$n = a + v - (3 \times s) = 3 + 0 - (3 \times 1) = \underline{\underline{0}}$$

Das System ist statisch unbestimmt. Die im Punkt b angreifende und in der Wirkungslinie des Pendelstabes liegende Auflagerkraft wird in ihre horizontale und vertikale Komponente zerlegt. Man erhält somit einen Träger auf zwei Stützen mit Kragarm (Bild 1.5).

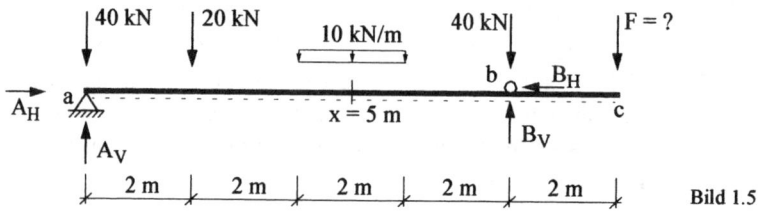

Bild 1.5

Mit Hilfe der drei Gleichgewichtsbedingungen ΣH, ΣV und ΣM kann man nun Gleichungen für die Ermittlung der Auflagerkräfte sowie der Kraft F, die am Kragarmende angreifen, ermitteln.

Auflagerkräfte:

$\Sigma M_a = 0$ ... $B_V \times 8 - 20 \times 2 - 10 \times 2 \times 5 - 40 \times 8 - F \times 10 = 0$

(I) $B_V \times 8 + F \times 10 = 460$

$\Sigma M_c = 0$ ... $A_V \times 10 - 40 \times 10 - 20 \times 8 - 10 \times 2 \times 5 + B_V \times 2 - 40 \times 2 = 0$

(II) $A_V \times 10 + B_V \times 2 = 740$

$\Sigma V = 0$ ... $A_V - 40 - 20 - 10 \times 2 - 40 + B_V - F = 0$

(III) $A_V + B_V - F = 120$

Durch Umstellen und Einsetzen der Gleichungen ineinander wird das Gleichungssystem gelöst:

(I') $B_V = 57,5 + 1,25 \times F$

(I' in III) $A_V + 57,5 + 1,25 \times F - F = 120$

$A_V = 62,5 - 0,25 \times F$

Damit ergibt sich folgende Gleichung für die Ermittlung von F bei der gegebenen Bedingung (Biegemoment im Feld a-b an der Stelle x = 5 m und Biegemoment im Punkt b sollen betragsmäßig gleich groß sein):

$\Sigma M_{x=5\,m} = 0$ ... $A_V \times x - 40 \times x - 20 \times (x - 2) - 10 \times (x - 4)^2 / 2 = F \times 2$

Durch Einsetzen der Stelle „5,0" für „x" und „62,5 - 0,25 × F" für „A" ergibt sich:

$62,5 \times 5 - 0,25 \times F \times 5 - 40 \times 5 - 20 \times (5 - 2) - 10 \times (5 - 4)^2 / 2 = F \times 2$

$-1,25 \times F + 47,5 = F \times 2$

$\underline{\underline{F = 14,62\ kN}}$

Damit ergibt sich: $A_V = 62,5 - 0,25 \times 14,62 = 58,85$ kN

$M_F = 58,85 \times 5 - 40 \times 5 - 20 \times 3 - 10 \times 1^2 / 2 = \underline{29,25\ kNm}$

$M_B = -2 \times 14,62 = \underline{-29,24\ kNm}$

Beide Momente sind betragsmäßig gleich groß, sie betragen rund 29,2 kNm.

1.2.2 Zweifeldträger mit verschiedenen Belastungen

Für die gegebenen Lastfälle sind <u>getrennt</u> die Momentenlinien zu bestimmen!

Statisches System und Belastung:

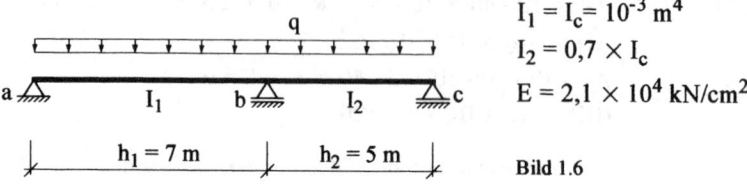

$$I_1 = I_c = 10^{-3} \text{ m}^4$$
$$I_2 = 0,7 \times I_c$$
$$E = 2,1 \times 10^4 \text{ kN/cm}^2$$

Bild 1.6

Lastfälle:
a) Gleichlast q = 30 kN/m
b) Ungleichmäßige Temperaturänderung $\Delta T = 30°$; $h_1 = 0,80$ m, $h_2 = 0,70$ m
c) Stützensenkung $\Delta b = 3$ cm

<u>Lösung:</u>

<u>Grad der statischen Unbestimmtheit:</u>

$$n = a + v - (3 \times s) = 4 + 0 - (3 \times 1) = \underline{\underline{1}}$$

Das System ist 1-fach statisch unbestimmt. Als Überzählige wird ein Doppelmoment im Punkt b angetragen Bild 1.7).

Statisch bestimmtes Hauptsystem:

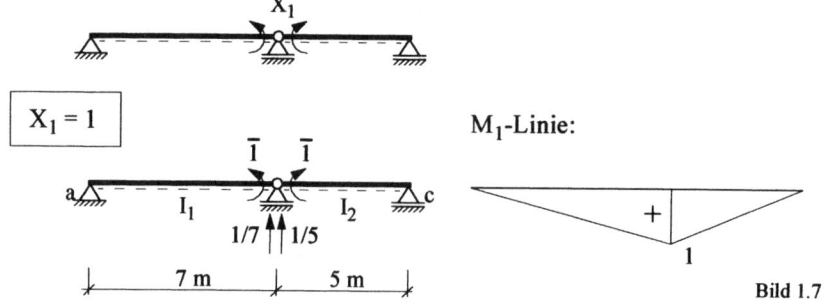

Bild 1.7

Aufgrund des Doppelmomentes ergibt sich eine dreieckförmige Belastung mit dem Maximalwert „1" im Punkt b. Der Zustand $X_1 = 1$ gilt für alle drei nachstehenden Lastfälle, es ändert sich lediglich die Belastung am statisch bestimmten Hauptsystem.

a) Lastfall 1: Gleichlast q = 30 kN/m

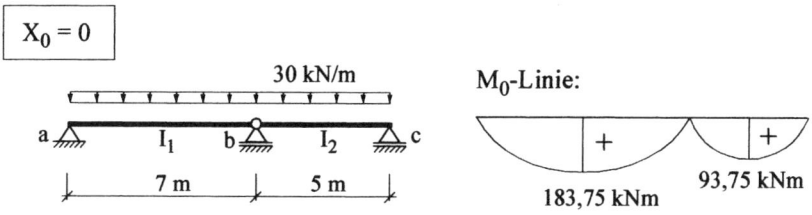

Bild 1.8

Am statisch bestimmten Hauptsystem erhält man aufgrund der Gleichlast zwei parallelförmige Momentenflächen (Bild 1.8).

Nach Anwendung der Kopplungstafeln (zu beachten sind hierbei die unterschiedlichen Trägheitsmomente am Träger) erhält man:

$E \times I_c \times \delta_{11} = \Sigma (M_1 \times M_1 \times 1 \times I_c / I)$

$\qquad = 7/3 \times 1{,}0^2 \times 1/1 + 5/3 \times 1{,}0^2 \times 1/0{,}7 = \underline{4{,}714}$

$E \times I_c \times \delta_{10} = \Sigma (M_0 \times M_1 \times 1 \times I_c / I)$

$\qquad = 7/3 \times 1{,}0 \times 183{,}75 \times 1/1 + 5/3 \times 1{,}0 \times 93{,}75 \times 1/0{,}7 = \underline{651{,}96}$

$X_1 = -651{,}96 / 4{,}714 = \underline{-138{,}30}$

Mit der Gleichung $M = M_0 + X_1 \times M_1$ berechnet man die tatsächlichen Momente infolge der Gleichlast von 30 kN/m. Damit ergibt sich folgende M-Linie:

- 138,30 kNm

93,75 kNm

183,75 kNm   Bild 1.9

b) Lastfall 2: Ungleichmäßige Temperaturänderung $\Delta T = 30°$; $h_1 = 0{,}80$ m, $h_2 = 0{,}70$ m

$E \times I_c \times \delta_{11} = 4{,}714$ (Ermittlung siehe Aufgabenteil a)

$E \times I_c \times \delta_{10} = \Sigma (M_1 \times \alpha_t \times 1/h \times \Delta t \times 1 \times E \times I_c / I)$

$\qquad = 1 \times (1{,}2 \times 10^{-5} \times 30 \times 7{,}0 \times 0{,}5) \times 2{,}1 \times 10^8 \times 10^{-3} / 0{,}80$

$\qquad + 1 \times (1{,}2 \times 10^{-5} \times 30 \times 5{,}0 \times 0{,}5) \times 2{,}1 \times 10^8 \times 10^{-3} / 0{,}70$

$E \times I_c \times \delta_{10}$ = 600,75

$X_1 = - 600,75 / 4,714 = - 127,44$

M-Linie infolge ungleichmäßiger Temperaturänderung $\Delta T = 30°$; $h_1 = 0,80$ m, $h_2 = 0,70$ m:

- 127,44 kNm

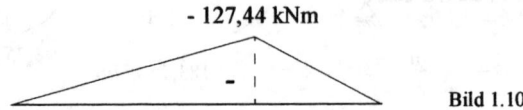

Bild 1.10

c) Lastfall 3: Stützensenkung $\Delta b = 3$ cm

$E \times I_c \times \delta_{11}$ = 4,714 (Ermittlung siehe Aufgabenteil a)

$E \times I_c \times \delta_{10}$ = $\Sigma (C_b \times d_b \times E \times I_c)$

$= (1/7 + 1/5) \times 0,03 \times 2,1 \times 10^8 \times 10^{-3} = 2160$

$X_1 = - 2160 / 4,714 = - 458,21$

M-Linie infolge Stützensenkung $\Delta b = 3$ cm:

- 458,21 kNm

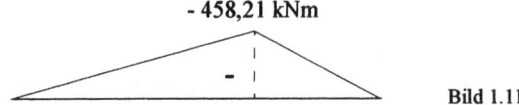

Bild 1.11

1.2.3 Gelenkträger mit Kragarm

Gesucht sind   a) die Durchsenkung des Kragarmendes k
                  b) die Verdrehung des Gelenkpunktes i

Statisches System und Belastung:

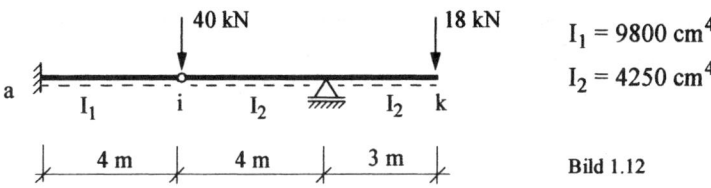

$I_1 = 9800 \text{ cm}^4$

$I_2 = 4250 \text{ cm}^4$

Bild 1.12

Lösung:

Grad der statischen Unbestimmtheit:

$$n = a + v - (3 \times s) = 4 + 2 - (3 \times 2) = \underline{\underline{0}}$$

Das System ist statisch bestimmt.

a) die Durchsenkung des Kragarmendes k

Zunächst wird der Trägerteil i-k betrachtet und die Auflagerkräfte B und C errechnet (Bild 1.13).

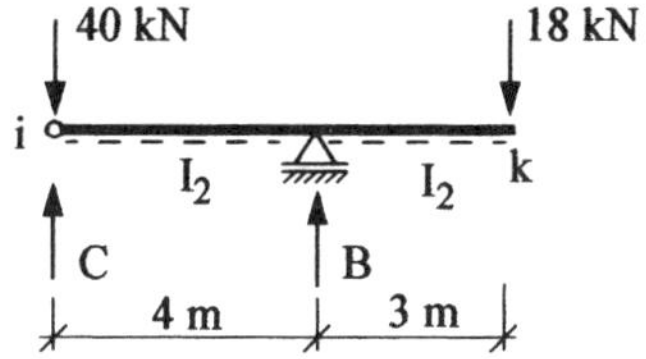

$$B = 18 \times (3,0 + 4,0) / 4 = 31,5 \text{ kN}$$
$$C = -18 \times 3,0 / 4 + 40 = 26,5 \text{ kN}$$

Bild 1.13

Die resultierende Auflagerkraft C wird als Belastung auf den Träger a-i im Punkt i aufgebracht (Bild 1.14), da im Gelenk die Bedingung Σ V erfüllt sein muß.

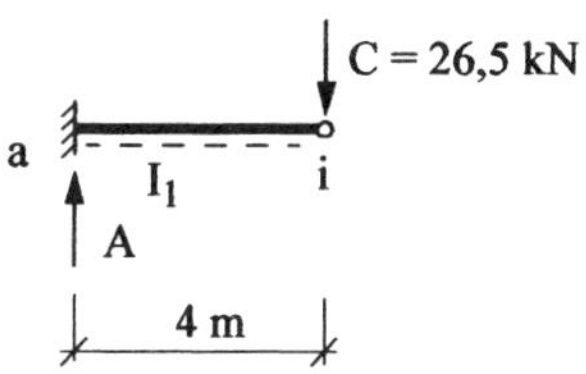

$$\Sigma V = 0 ... A = 26,5 \text{ kN}$$

Bild 1.14

Aufgrund der gegebenen Belastung erhält man folgende Momentenlinie:

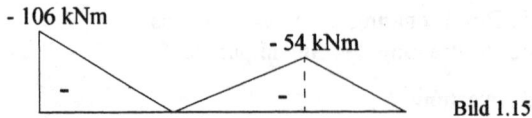

Bild 1.15

Um die Durchsenkung des Punktes k zu ermitteln, wird in diesem Punkt eine virtuelle Last der Größe „1" aufgebracht (Bild 1.16). Die Auflagerkräfte und Momente errechnen sich analog denen der tatsächlichen Belastung.

Virtuelle Belastung:

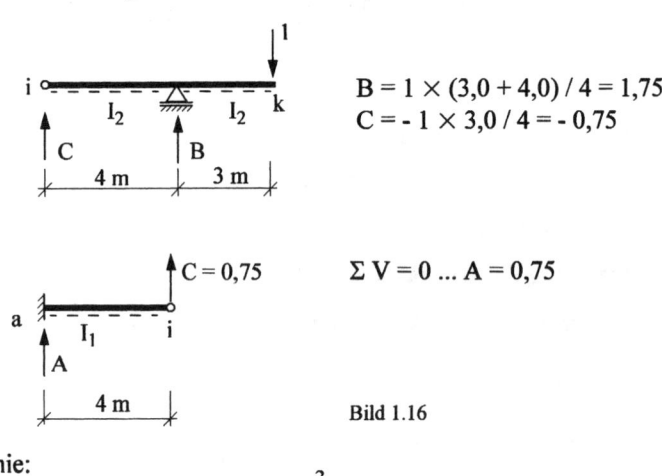

$B = 1 \times (3,0 + 4,0) / 4 = 1,75$
$C = - 1 \times 3,0 / 4 = - 0,75$

$\Sigma V = 0 \dots A = 0,75$

Bild 1.16

M-Linie:

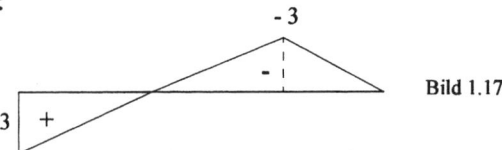

Bild 1.17

Durch Kopplung der beiden M-Flächen erhält man die Durchsenkung des Punktes k:

$$E \times I \times \delta_{kk'} = \Sigma (M_0 \times M_1 \times l \times I_c / I)$$
$$= (4/3 \times (-106) \times 3 \times (4250/9800) + 4/3 \times (-54) \times (-3)$$
$$+ 3/3 \times (-54) \times (-3)$$
$$= 194,12$$
$$\delta_{kk'} = 194,12 / (2,1 \times 10^8 \times 4,25 \times 10^{-5}) = 2,18 \times 10^{-2} \, m = \underline{\underline{22 \, mm}}$$

b) die Verdrehung des Gelenkpunktes i

Durch Aufbringen eines Doppelmomentes im Punkt i ermittelt man die Verdrehung an der Stelle i (Bild 1.18):

Virtuelle Belastung:

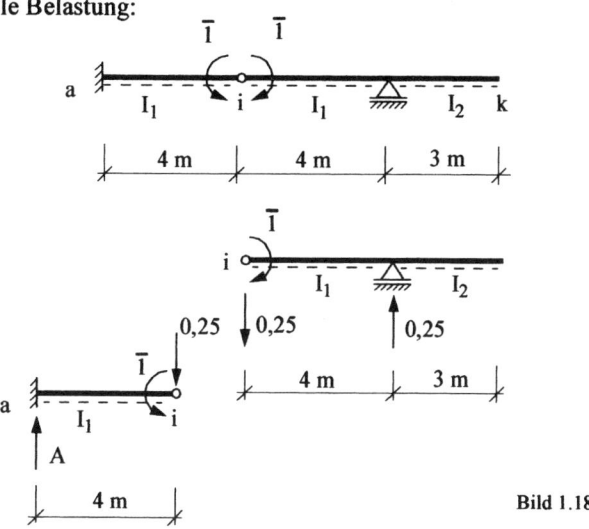

Bild 1.18

M-Linie:

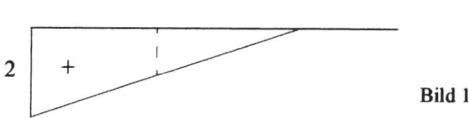

Bild 1.19

Die M-Fläche aufgrund der tatsächlichen Belastung ist im Teil a) bestimmt worden. Durch Kopplung der beiden M-Flächen erhält man die Verdrehung des Punktes i:

$$E \times I \times \phi_{ii'} = \Sigma (M_0 \times M_1 \times l \times I_c / I)$$
$$= (4/3 \times (-106)) \times (1 + 2 \times 2) \times (4250/9800) + 4/6 \times (-54) \times 1$$
$$= -189,23$$

$$\phi_{ii'} = -189,23 / (2,1 \times 10^8 \times 4,25 \times 10^{-5}) = -3,84 \times 10^{-2}$$

mit: $-2,12 \times 10^{-2} \times 180° / \Pi = \underline{\underline{-1,21°}}$

1.2.4 Geknickter Gelenkträger mit gemischter Belastung

Gesucht sind: a) Stützkräfte
b) Q-Diagramm
c) Stelle i für Q = 0 im Abschnitt d-e
d) M_i an der Stelle i

Statisches System und Belastung:

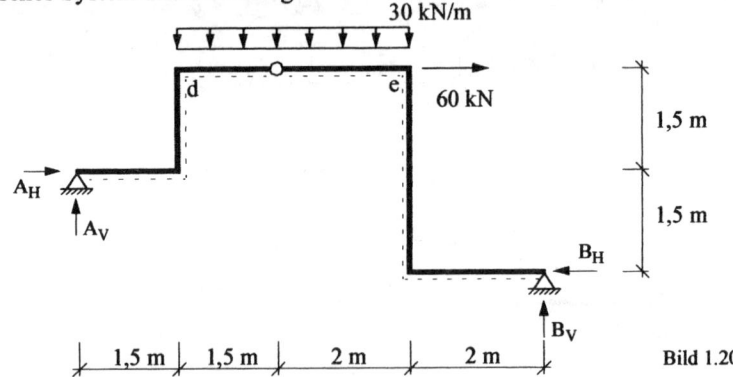

Bild 1.20

Lösung:

Grad der statischen Unbestimmtheit:

$$n = a + v - (3 \times s) = 4 + 2 - (3 \times 2) = \underline{\underline{0}}$$

Das System ist statisch bestimmt.

a) Stützkräfte:

Mit Hilfe der drei Gleichgewichtsbedingungen werden die Stützkräfte ermittelt:

(I) $\Sigma M_{c,l} = 0 \dots A_V \times 3{,}0 - A_H \times 1{,}5 - 30 \times 1{,}5^2 /2 = 0$

(II) $\Sigma M_{c,r} = 0 \dots B_V \times 4{,}0 - B_H \times 3{,}0 - 30 \times 2{,}0^2 /2 = 0$

(III) $\Sigma M_a = 0 \dots B_V \times 7{,}0 - B_H \times 1{,}5 - 60 \times 1{,}5 - 30 \times 3{,}5 \times 3{,}25 = 0$

(IV) $\Sigma M_b = 0 \dots A_V \times 7{,}0 + A_H \times 1{,}5 + 60 \times 3{,}0 - 30 \times 3{,}5 \times 3{,}75 = 0$

Durch Umstellen und Einsetzen der Gleichungen ineinander errechnet man jetzt die Auflagerkräfte:

(I') $\Sigma M_{c,l} = 0 \dots A_V \times 3{,}0 - A_H \times 1{,}5 = 33{,}75$

$$A_V = 11{,}25 + 0{,}5 \times A_H$$

(I') in (IV) $(11{,}25 + 0{,}5 \times A_H) \times 7{,}0 + A_H \times 1{,}5 = 213{,}75$

$\qquad\qquad 7{,}875 + 3{,}5 \times A_H + 1{,}5 \times A_H = 213{,}75$

$\qquad\qquad\qquad\qquad\qquad\qquad A_H = 27\ kN$

(I') $\qquad A_V = 11{,}25 + 0{,}5 \times 27 = 24{,}75\ kN$

(II') $\qquad B_V \times 4{,}0 - B_H \times 3{,}0 = 60$

$\qquad\qquad B_V = 15 + 0{,}75 \times B_H$

in (III) $\qquad (15 + 0{,}75 \times B_H) \times 7{,}0 - B_H \times 1{,}5 = 431{,}25$

$\qquad\qquad 105 + 5{,}25 \times B_H - 1{,}5 \times B_H = 431{,}25$

$\qquad\qquad\qquad\qquad\qquad\qquad B_H = 87\ kN$

in (II') $\qquad B_V = 15 + 0{,}75 \times 87 = 80{,}25\ kN$

b) Q-Diagramm

Aus den Auflagerkräften kann jetzt das Querkraft-Diagramm ermittelt werden:

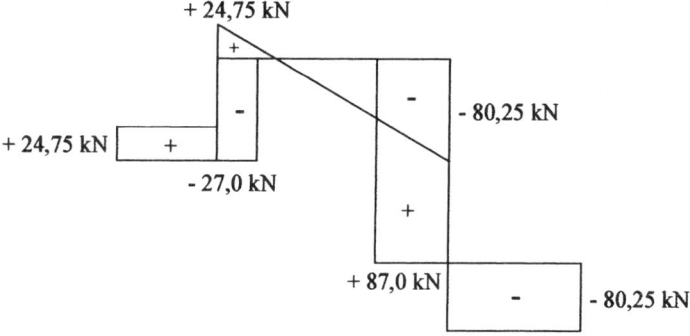

+ 24,75 kN

+ 24,75 kN

- 80,25 kN

- 27,0 kN

+ 87,0 kN

- 80,25 kN

Bild 1.21

c) Stelle i für Q = 0 im Abschnitt d-e

Die Stelle, an der die Querkraft im Abschnitt d-e „0" ist, errechnet man mit:

$x_0 = A / q$ $\qquad x_0 = 24{,}75 / 30 = \underline{0{,}825\ m}$

Die Stelle für $Q = 0$ liegt 0,825 m rechts des Punktes d.

d) M_i an der Stelle i

$M_i = A_V \times (1{,}5 + 0{,}825) - A_H \times 1{,}5 - 30 \times 0{,}825^2 / 2 = \underline{6{,}83\ kNm}$

1.2.5 Verformung am Gelenkträger

Der Winkel der gegenseitigen Verdrehung beträgt 3° im Punkt d.
Wie groß ist das zugehörige Doppelmoment und wie groß sind die Verschiebungen der Punkte d und e?

Statisches System und Belastung:

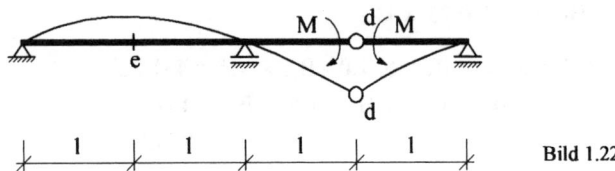

Bild 1.22

__Lösung:__

__Grad der statischen Unbestimmtheit:__

$$n = a + v - (3 \times s) = 4 + 2 - (3 \times 2) = \underline{\underline{0}}$$

Das System ist statisch bestimmt.

Die gegebene Verdrehung am Gelenk beträgt 3°.
Das entspricht im Bogenmaß: $3° \times \Pi / 180° = 0{,}0524$

Um eine Verdrehung zu erzeugen, wird im Zustand $X_1 = 1$ im Punkt d ein Doppelmoment der virtuellen Größe „1" aufgebracht.

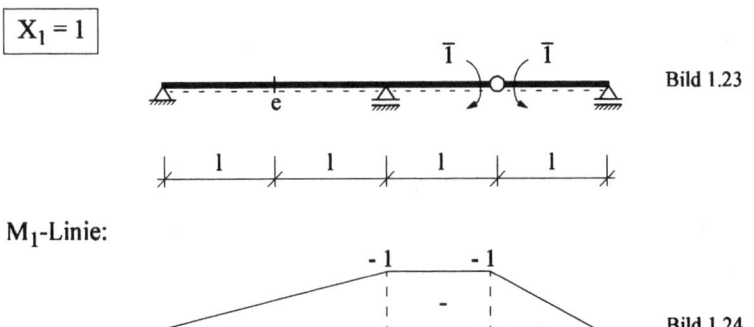

$\boxed{X_1 = 1}$

Bild 1.23

M_1-Linie:

Bild 1.24

Die tatsächliche Momentenbelastung an der Stelle d ist bekannt, deshalb wird mit einem unbekannten Moment M weitergerechnet (Bild 1.25).

$X_0 = 0$

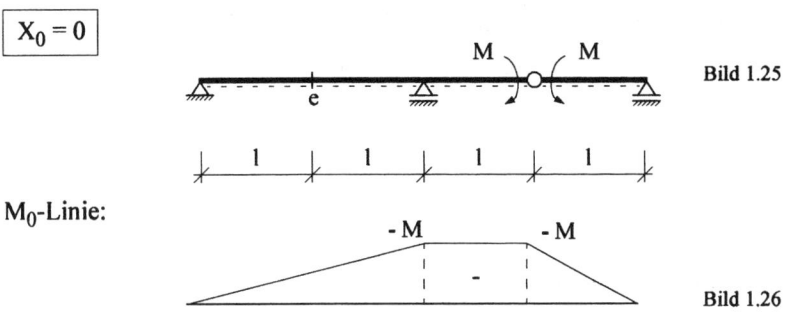

Bild 1.25

M_0-Linie:

Bild 1.26

Durch Einsetzen der bekannten Verdrehung in die Elastizitätsgleichung erhält man das Moment an der Stelle d in Abhängigkeit von $E \times I / l$.

$E \times I \times \phi \quad = \Sigma (M_0 \times M_1 \times l)$

$0,0524 \times E \times I = 2/3 \times l \times (-1) \times (-M) + l \times (-1) \times (-M) + l/3 \times (-1) \times (-M)$

$\mathbf{M = 0,0262 \times E \times I / l}$

Durch Aufbringen eines Kräftepaares in den Punkten d und e von der Größe „1" erhält man die gegenseitige Verschiebung in diesen Punkten (Bild 1.27).

$X_0 = 0$

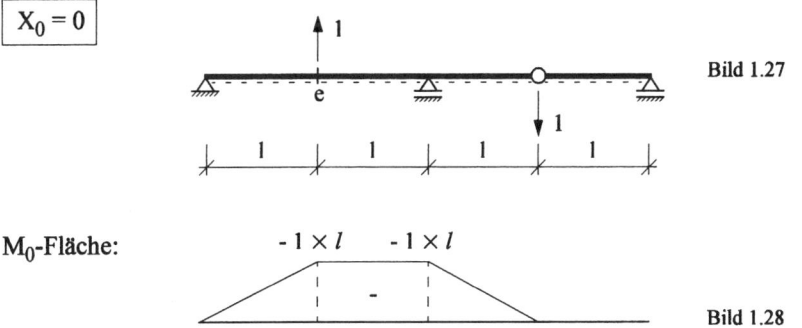

Bild 1.27

M_0-Fläche:

Bild 1.28

Durch Kopplung dieser M-Fläche mit der des Zustandes $X_1 = 1$ ermittelt man jetzt die gegenseitige Verschiebung der Punkte d und e.

$E \times I \times \delta_{E-D} \quad = l/3 \times (-l) \times (-0,5 \times M) + l/2 \times (-0,5 \times M - M) \times (-l)$

$\qquad\qquad\qquad + l/2 \times (-l) \times (-M)$

$E \times I \times \delta_{E-D} \quad = 17/12 \times M \times l^2$

$\qquad\qquad \delta_{E-D} \quad = \mathbf{17/12 \times M \times l^2 / (E \times I)}$

1.2.6 Rahmenartiges Tragwerk mit Einzellasten

Zu bestimmen sind die Stütz- und Schnittgrößen für
a) Lager A fest
b) Lager A verschieblich

Statisches System und Belastung:

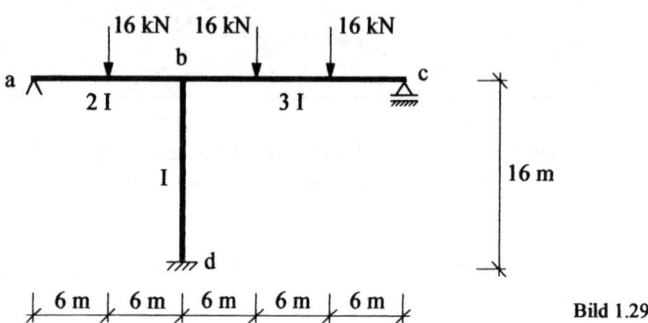

Bild 1.29

Lösung:

Für beide Teile wird zunächst der Grad der statischen Unbestimmtheit ermittelt:

Grad der statischen Unbestimmtheit:

Teil a): $n = a + v - (3 \times s) = 6 + 0 - (3 \times 1) = 3$
Teil b): $n = a + v - (3 \times s) = 5 + 0 - (3 \times 1) = \underline{\underline{2}}$

Es wird zuerst Aufgabenteil b) bearbeitet. Das Tragwerk ist für diesen Fall 2-fach statisch unbestimmt. Bei Bearbeitung des Aufgabenteils a) braucht man dann nur als 3. statische Unbestimmte die horizontale Auflagerkraft A anzutragen.

Statisch bestimmtes Hauptsystem:

Fall b):

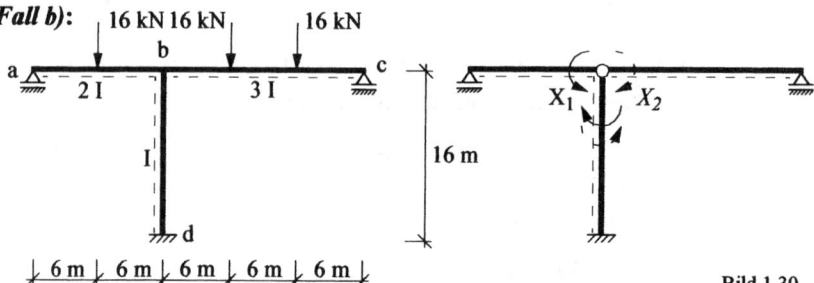

Bild 1.30

Durch Aufbringen zweier Doppelmomente im Punkt b entsteht das statisch bestimmte Hauptsystem.

$X_1 = 1$ M_1-Linie:

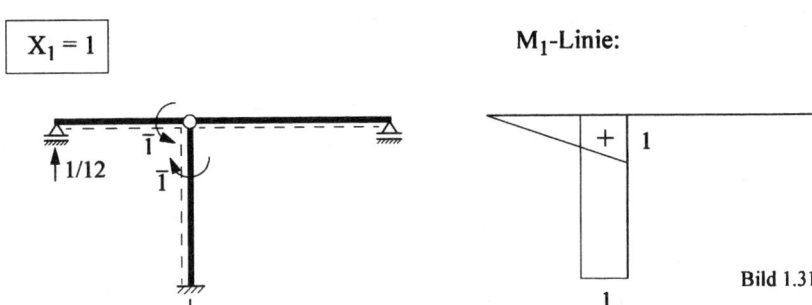

Bild 1.31

Auflagerkräfte: $A = 1 \times 1/12 = \underline{1/12}$; $D = -1 \times 1/12 = \underline{-1/12}$

$X_2 = 1$ M_2-Linie:

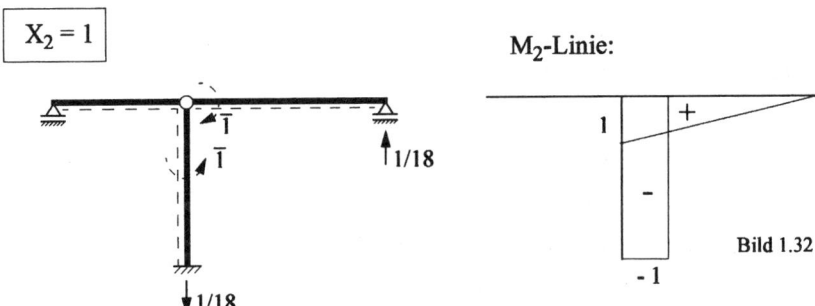

Bild 1.32

Auflagerkräfte: $D = -1 \times 1/18 = \underline{-1/18}$; $D = 1 \times 1/12 = \underline{1/18}$

$X_0 = 0$ M_0-Linie:

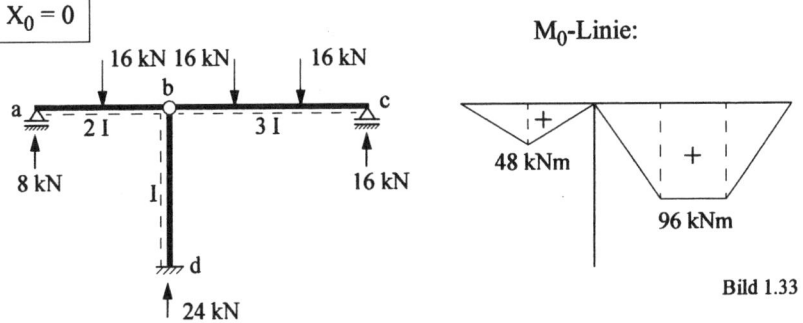

Bild 1.33

Auflagerkräfte: $A = 16/2 = \underline{8\ kN}$; $D = 16/2 + 32/2 = \underline{24\ kN}$, $C = 32/2 = \underline{16\ kN}$

Als Vergleichsträgheitsmoment wird das Moment des Stieles, $I_c = 1$, gewählt. Nach Anwendung der Kopplungstafeln (zu beachten sind hierbei die unterschiedlichen Trägheitsmomente am Träger) erhält man:

$$E \times I_c \times \delta_{11} = \Sigma (M_1 \times M_1 \times 1 \times I_c/ I)$$
$$= 16 \times 1{,}0^2 \times 1/1 + 12/3 \times 1{,}0^2 \times 1/2 = \underline{18{,}0}$$
$$E \times I_c \times \delta_{12} = 16 \times 1{,}0 \times (-1{,}0) \times 1/1 = \underline{-16{,}0}$$
$$E \times I_c \times \delta_{21} = E \times I_c \times \delta_{12} = \underline{-16{,}0}$$
$$E \times I_c \times \delta_{22} = 16 \times (-1{,}0)^2 \times 1/1 + 18/3 \times 1{,}0^2 \times 1/3 = \underline{18{,}0}$$
$$E \times I_c \times \delta_{10} = \Sigma (M_0 \times M_1 \times 1 \times I_c/ I)$$
$$= 12/4 \times 48 \times 1{,}0 \times 1/2 = \underline{72{,}0}$$
$$E \times I_c \times \delta_{20} = 6/6 \times 96 \times (2 \times 0{,}67 + 1) \times 1/3$$
$$+ 6/2 \times 96 \times (0{,}67 + 0{,}33) \times 1/3$$
$$+ 6/3 \times 96{,}0 \times 0{,}33 \times 1/3 = \underline{192{,}0}$$

Damit ergibt sich folgendes Gleichungssystem:

(I): $18 \times X_1 - 16 \times X_2 = -72$
(II): $-16 \times X_1 + 18 \times X_2 = -192$

Nach Lösen des Gleichungssystems ergeben sich: $X_1 = -64{,}24$; $X_2 = -67{,}76$
Die Auflagerkräfte errechnen sich nach der Formel: $A = A_0 + X_1 \times A_1 + X_2 \times A_2$, die Momente nach der Gleichung: $M = M_0 + X_1 \times M_1 + X_2 \times M_2$

Auflagerkräfte: $A_V = 8 - 64{,}24 \times 1/12 = \underline{2{,}64 \text{ kN}}$
$D_V = 24 - 64{,}24 \times (-1/12) - 67{,}76 \times (-1/18) = \underline{33{,}12 \text{ kN}}$
$B_V = 16 - 67{,}76 \times 1/18 = \underline{12{,}24 \text{ kN}}$

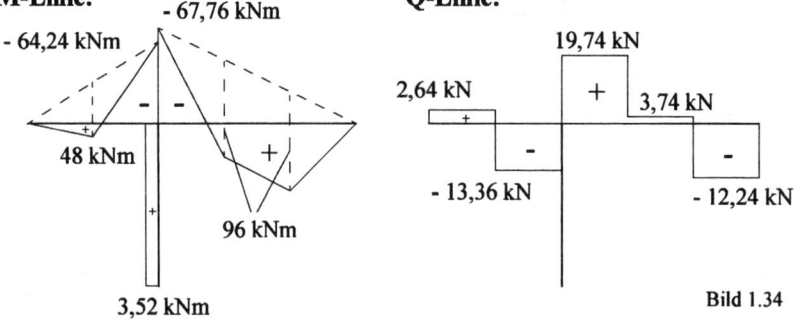

M-Linie:

- 67,76 kNm
- 64,24 kNm
48 kNm
96 kNm
3,52 kNm

Q-Linie:

19,74 kN
2,64 kN
3,74 kN
- 13,36 kN
- 12,24 kN

Bild 1.34

N-Linie:

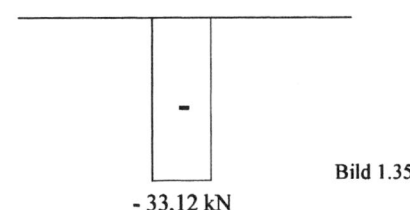

Bild 1.35

- 33,12 kN

Fall a): Es wird nun als statische Unbestimmte X_3 die horizontale Auflagerkraft A angesetzt. Die Zustände $X_1 = 1$, $X_2 = 1$ und $X_0 = 0$ errechnen
sich analog dem zuvor abgearbeiteten Aufgabenteil b).

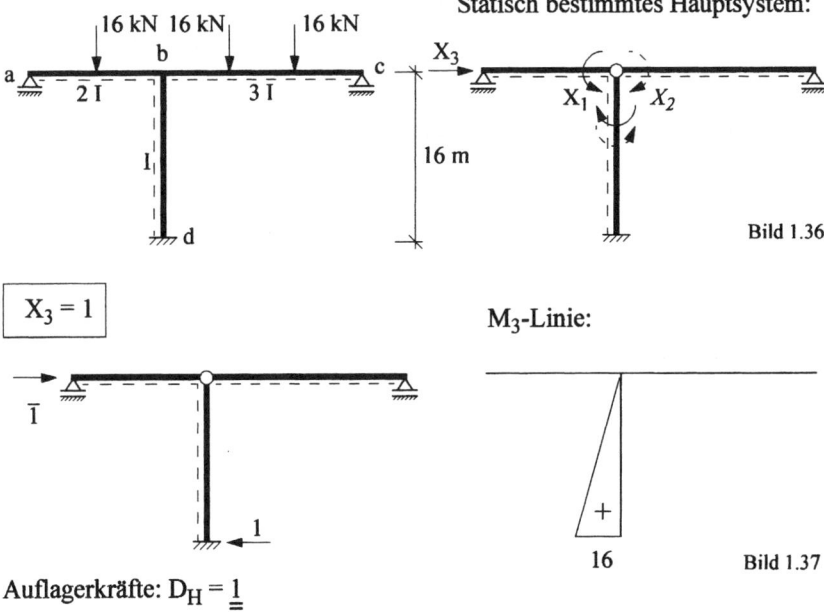

Statisch bestimmtes Hauptsystem:

Bild 1.36

$X_3 = 1$ M_3-Linie:

Auflagerkräfte: $D_H = \underline{\underline{1}}$

Bild 1.37

Mit dem Zustand $X_3 = 1$ ergeben sich weitere Elastizitätszahlen und damit eine
weitere Elastizitätsgleichung.
Aufgrund der besseren Übersichtlichkeit sind die im Teil b) ermittelten Vorzah-
len und Gleichungen nocheinmal aufgeführt.
Unter Anwendung der Kopplungstafeln erhält man:

$E \times I \times \delta_{11} = 18,0$

$E \times I \times \delta_{12} = -16,0 = E \times I \times \delta_{21}$

$E \times I \times \delta_{22} = 18,0$

$E \times I \times \delta_{13} = 16/2 \times 16 \times 1,0 \times 1/1 = \underline{128,0}$

$E \times I \times \delta_{31} = 128,0 = E \times I \times \delta_{13}$

$E \times I \times \delta_{23} = 16/2 \times 16 \times (-1,0) \times 1/1 = \underline{-128,0}$

$E \times I \times \delta_{32} = -128,0 = E \times I \times \delta_{23}$

$E \times I \times \delta_{33} = 16/3 \times 16 \times 16 \times 1/1 = \underline{1365,33}$

$E \times I \times \delta_{10} = 72,0$

$E \times I \times \delta_{20} = 192,0$

$E \times I \times \delta_{30} = 0$

Gleichungssystem:
     (I): $18 \times X_1 - 16 \times X_2 + 128 \times X_3 = -72$

                     (II): $-16 \times X_1 + 18 \times X_2 - 128 \times X_3 = -192$

                     (III): $128 \times X_1 - 128 \times X_2 + 1365,33 \times X_3 = 0$

Nach Lösen des Gleichungssystems ergeben sich:

$$X_1 = -60,00; \quad X_2 = -72,00; \quad X_3 = -1,125$$

Die Auflagerkräfte und Momente errechnen sich nach den Gleichungen:

$A = A_0 + X_1 \times A_1 + X_2 \times A_2 + X_3 \times A_3$,

$M = M_0 + X_1 \times M_1 + X_2 \times M_2 + X_3 \times M_3$

Auflagerkräfte: $A_V = 8 - 60 \times 1/12 = \underline{3,00 \text{ kN}}$

                      $A_H = \underline{-1,125 \text{ kN}}$

                      $D_V = 24 - 60 \times (-1/12) - 72 \times (-1/18) = \underline{33,00 \text{ kN}}$

                      $D_H = \underline{-1,125 \text{ kN}}$

                      $B_V = 16 - 72 \times 1/18 = \underline{12,00 \text{ kN}}$

Momente: $M_D = (-60) \times 1 + (-72) \times (-1) + (-1,125) \times 16 = \underline{-6 \text{ kNm}}$

                      $M_{B,u} = 0 + (-60) \times 1 + (-72) \times (-1) = \underline{12 \text{ kNm}}$

                      $M_{B,l} = 0 + (-60) \times 1 = \underline{-60 \text{ kNm}}$

                      $M_{B,r} = 0 + (-72) \times 1 = \underline{-72 \text{ kNm}}$

M-Linie: **Q-Linie:**

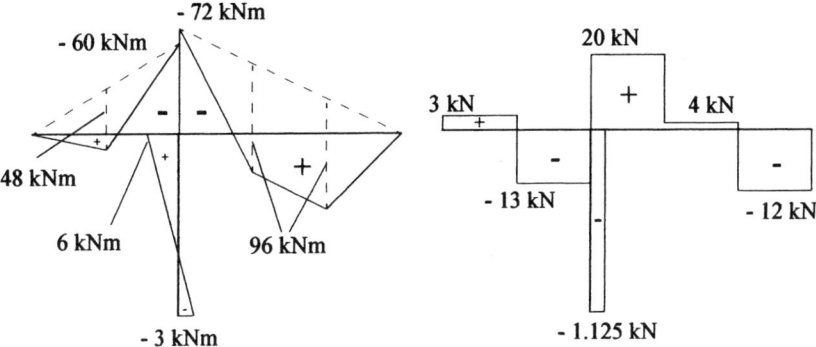

- 72 kNm
- 60 kNm
48 kNm
6 kNm
96 kNm
- 3 kNm

20 kN
3 kN
4 kN
- 13 kN
- 12 kN
- 1.125 kN

N-Linie:

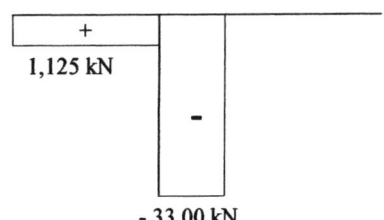

1,125 kN

- 33,00 kN   Bild 1.38

1.2.7 Verformung am rahmenartigen Tragwerk

Ermitteln Sie die Verformungslinie des Stiels db!

Statisches System und Belastung:

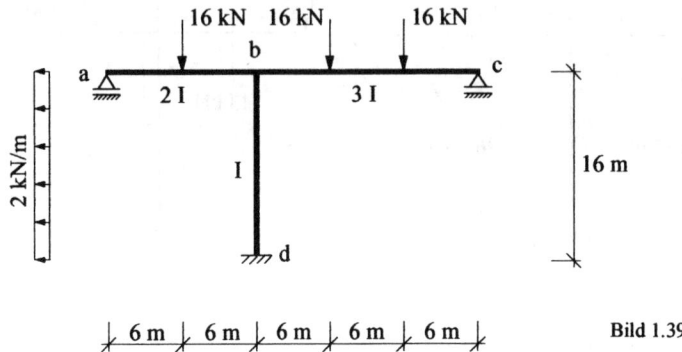

Bild 1.39

Lösung:

Grad der statischen Unbestimmtheit:

$$n = a + v - (3 \times s) = 5 + 0 - (3 \times 1) = \underline{\underline{2}}$$

Das Tragwerk ist 2-fach statisch unbestimmt.
Es wird das gleiche statisch bestimmte Hauptsystem (Bild 1.40) wie bei der vorherigen Aufgabe gewählt. Für die Zustände $X_1 = 1$ (Bild 1.41) und $X_2 = 1$ (Bild 1.42) ergeben sich somit die gleichen Momentenlinien.

Statisch bestimmtes Hauptsystem:

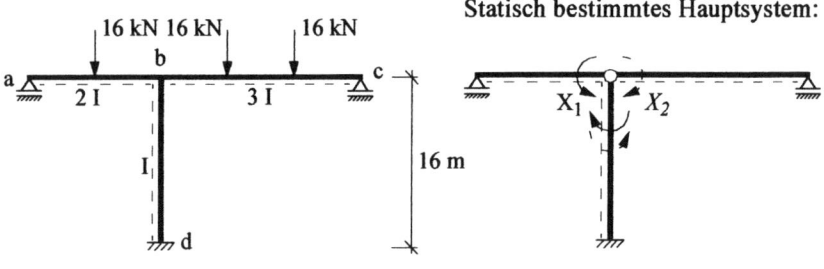

Bild 1.40

Durch Aufbringen zweier Doppelmomente im Punkt b entsteht das statisch bestimmte Hauptsystem.

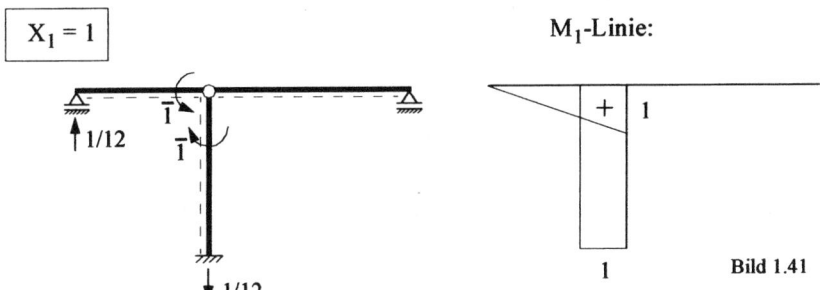

Auflagerkräfte: $A = 1 \times 1/12 = \underline{\underline{1/12}}$; $D = -1 \times 1/12 = \underline{\underline{-1/12}}$

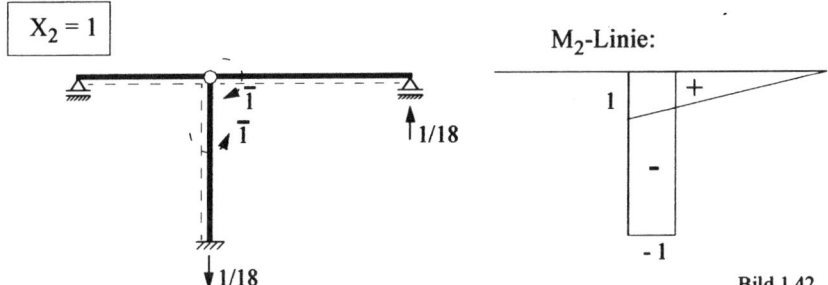

Auflagerkräfte: $D = -1 \times 1/18 = \underline{\underline{-1/18}}$; $D = 1 \times 1/18 = \underline{\underline{1/18}}$

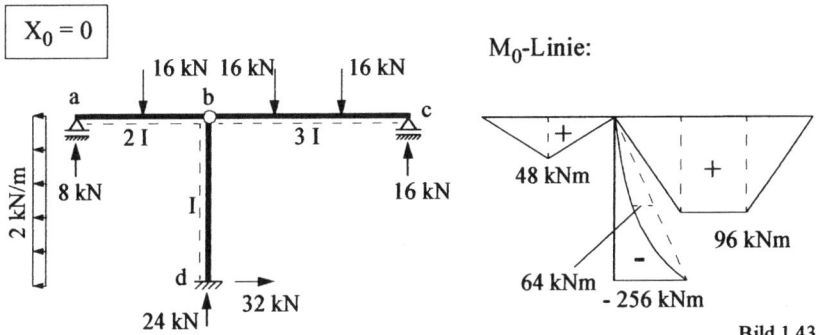

Auflagerkräfte: $A = 16/2 = \underline{\underline{8\ kN}}$; $C = 32/2 = \underline{\underline{16\ kN}}$;
$D_V = 16/2 + 32/2 = \underline{\underline{24\ kN}}$; $\overline{D_H} = 16 \times 2/2 = \underline{\underline{32\ kN}}$

Als Vergleichsträgheitsmoment wird das Moment des Stieles, $I_c = 1$, gewählt.

Nach Anwendung der Kopplungstafeln (zu beachten sind hierbei die unterschiedlichen Trägheitsmomente am Träger) erhält man:

$E \times I_c \times \delta_{11} = \Sigma\, (M_1 \times M_1 \times l \times I_c / I)$

$\qquad\qquad\quad = 16 \times 1{,}0^2 \times 1/1 + 12/3 \times 1{,}0^2 \times 1/2 = \underline{18{,}0}$

$E \times I_c \times \delta_{12} = 16 \times 1{,}0 \times (-1{,}0) \times 1/1 = \underline{-\,16{,}0}$

$E \times I_c \times \delta_{21} = E \times I_c \times \delta_{12} = \underline{-\,16{,}0}$

$E \times I_c \times \delta_{22} = 16 \times (-1{,}0)^2 \times 1/1 + 18/3 \times 1{,}0^2 \times 1/3 = \underline{18{,}0}$

$E \times I_c \times \delta_{10} = \Sigma\, (M_0 \times M_1 \times l \times I_c / I)$

$\qquad\qquad\quad = 12/4 \times 48 \times 1{,}0 \times 1/2 + 16/2 \times (-256) \times 1{,}0 \times 1/1$

$\qquad\qquad\quad + 16/3 \times 64 \times 1{,}0 \times 1/1 = \underline{-\,1643{,}67}$

$E \times I_c \times \delta_{20} = 6/6 \times 96 \times (2 \times 0{,}67 + 1) \times 1/3$

$\qquad\qquad\quad + 6/2 \times 96 \times (0{,}67 + 0{,}33) \times 1/3$

$\qquad\qquad\quad + 6/3 \times 96{,}0 \times 0{,}33 \times 1/3 + 16/2 \times (-256) \times 1{,}0 \times 1/1$

$\qquad\qquad\quad + 16/3 \times 64 \times (-1{,}0) \times 1/1 = \underline{1898{,}67}$

Damit ergibt sich folgendes Gleichungssystem:

(I): $18 \times X_1 - 16 \times X_2 = 1643{,}67$

(II): $-16 \times X_1 + 18 \times X_2 = -1898{,}67$

Nach Lösen des Gleichungssystems ergeben sich: $X_1 = -14{,}04$; $X_2 = -117{,}96$

Nachfolgendend wird nur der Stiel D-B betrachtet:

Die Momente errechnen sich nach der Gleichung:
$M = M_0 + X_1 \times M_1 + X_2 \times M_2$

Stiel D-B: $M_D = -256 - 14{,}04 \times 1 - 117{,}96 \times (-1) = \underline{-152{,}08\ \text{kNm}}$

$\qquad\qquad\quad M_{B,u} = -14{,}04 \times 1 - 117{,}96 \times (-1) = \underline{103{,}92\ \text{kNm}}$

M-Linie des Stiels D-B:

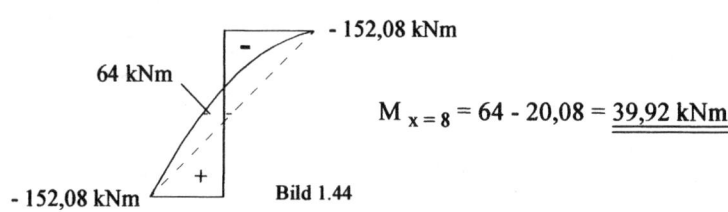

$M_{x=8} = 64 - 20{,}08 = \underline{39{,}92\ \text{kNm}}$

Bild 1.44

Gleichung der Verformungslinie (Biegelinie) in Abhängigkeit von x:

Gleichung der M-Linie: Parabel der Form $\boxed{y = a_2 \times x^2 + a_1 \times x + a_0}$

Zunächst wird die Gleichung der Momentenlinie ermittelt. Da drei Punkte der M-Linie bereits errechnet wurden, bestimmt man diese Gleichung durch rechnerische Interpolation (Tabellenbücher - Bereich Mathematik).

Punkte: P_0 (0; 103,92); P_1 (8; 39,92); P_2 (16; - 152,08)

mit: $a_2 = (- 152{,}08 - 2 \times 39{,}92 + 103{,}92) / (2 \times 8^2) = \underline{\underline{- 1}}$
$a_1 = - (3 \times 103{,}92 - 4 \times 39{,}92 + (- 152{,}08)) / (2 \times 8) = \underline{\underline{0}}$
$a_0 = \underline{\underline{103{,}92}}$

Damit erhält man die Gleichung der M-Linie: $\boxed{y = - x^2 + 103{,}92}$

Bei Anwendung der direkten Integration sind folgende integrale Zusammenhänge zu beachten:

$z = z\,(x)$	Gleichung der Biegelinie
$z' = \phi\,(x)$	Gleichung der Neigung der Stabachse
$z'' = - M / (E \times I)$	Gleichung der Momentenlinie
$z''' = - M' / (E \times I) = - Q / (E \times I)$	Gleichung der Querkraftlinie
$z^{IV} = - Q' / (E \times I) = q\,(x) / (E \times I)$	Gleichung der Belastungsfunktion

Für diese Aufgabe sind die ersten drei Gleichungen von Bedeutung. Durch Integration erhält man schrittweise aus der Gleichung der M-Linie die Gleichung der Biegelinie.

Ermittlung der Biegelinie mittels direkter Integration:

(I) Gleichung der M-Linie: $E \times I \times z'' = x^2 - 103{,}92$

(II) Gl.. d. Neigg. d. Stabachse: $E \times I \times z' = x^3 / 3 - 103{,}92 \times x + c_1$

(III) Gleichung der Biegelinie: $E \times I \times z = x^4 / 12 - 51{,}96 \times x^2 + c_1 \times x + c_2$

Da in der Gleichung der Biegelinie zwei Integrationskonstanten (Unbekannte) vorkommen, müssen Randbedingungen geschaffen werden, um die Gleichung lösen zu können. In der folgenden Übersicht (Tab 1.1) sind verschiedene Randbedingungen zusammengefasst.

Es bedeuten: - x ... betrachtete Stelle des Trägerabschnittes
- z ... Durchsenkung an der Stelle x
- z' ... Neigung der Stabachse an der Stelle x

Lagerung an der Stelle x	Randbedingung
⊢──────	$z = 0,$ $z' = 0$
⊿─────	$z = 0,$ $M = 0 \longrightarrow z'' = 0$
⊿─────	$z = 0,$ $M = 0 \longrightarrow z'' = 0$
──────	$M = 0 \longrightarrow z'' = 0$ $Q = 0 \longrightarrow z''' = 0$

Tabelle 1.1: Randbedingungen

Randbedingungen: $x = 0$ $z = 0$ Gleichung (III): $c_2 = 0$

                     $x = 0$ $z' = 0$ Gleichung (II): $c_1 = 0$

Da beide Integrationskonstanten aufgrund der Randbedingungen „null" wer-
den, erhält man als Gleichung der Biegelinie: $E \times I \times z = x^4 / 12 - 51{,}96 \times x^2$

x in m	0	2	4	6	8	10	12	14	16
$E \times I \times z$	0	- 206,51	- 810,03	- 1762,56	- 2984,11	- 4362,67	- 5754,24	- 6982,83	- 7840,43

Tabelle 1.2: Durchbiegung

In der Tabelle 1.2 ist die Durchbiegung an verschiedenen Stellen des Stiels D-B
berechnet, nachfolgend ist die Biegelinie dargestellt.

Biegelinie des Stiels D-B:

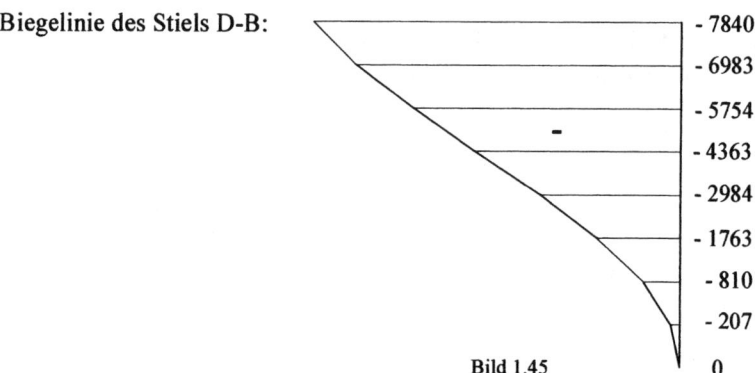

- 7840

- 6983

- 5754

- 4363

- 2984

- 1763

- 810

- 207

Bild 1.45   0

1.2.8 Eingespannter Zweifeldträger mit Lagerabsenkung

Um welchen Betrag ist das Lager b abzusenken, damit an der Stelle x = 0,50 m
der Trägerquerschnitt spannungslos wird?

Statisches System und Belastung:

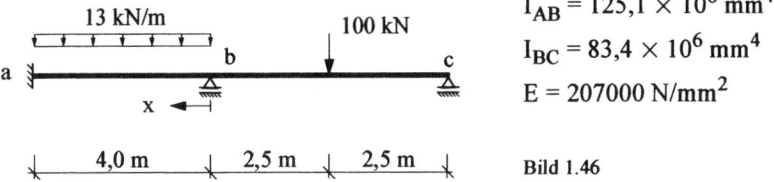

$$I_{AB} = 125,1 \times 10^6 \text{ mm}^4$$
$$I_{BC} = 83,4 \times 10^6 \text{ mm}^4$$
$$E = 207000 \text{ N/mm}^2$$

Bild 1.46

Lösung:

Grad der statischen Unbestimmtheit:

$$n = a + v - (3 \times s) = 5 + 0 - (3 \times 1) = \underline{\underline{2}}$$

Das System ist 2-fach statisch unbestimmt. Als Überzählige werden Momente
in den Punkten a und b aufgebracht.

Statisch bestimmtes Hauptsystem:

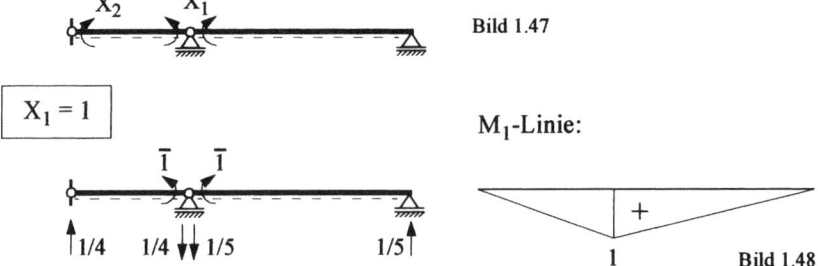

Bild 1.47

Auflagerkräfte: A = 1 × M / l = $\underline{\underline{1/4}}$; $\underline{\underline{C = 1/5}}$; B = - 1 × M / l = $\underline{\underline{- (1/4 + 1/5)}}$;

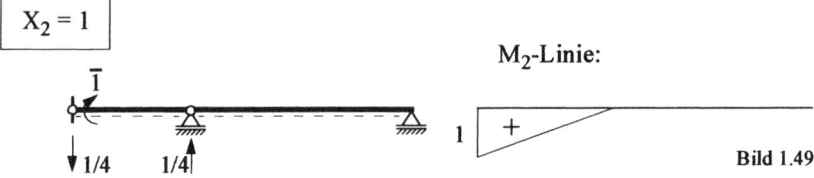

Auflagerkräfte: A = -1 × M / l = $\underline{\underline{- 1/4}}$; B = 1 × M / l = $\underline{\underline{1/4}}$

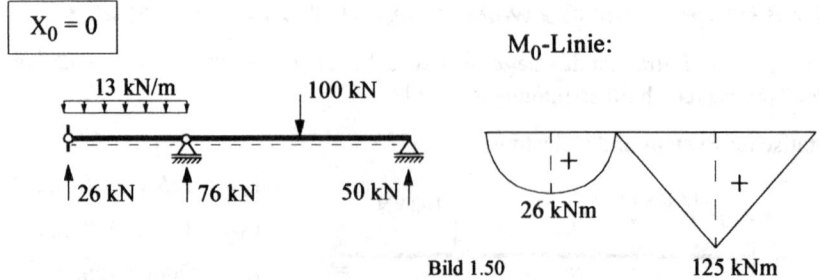

Bild 1.50

$$M_1 = 13 \times 4^2 / 8 = \underline{26 \text{ kNm}}$$

Die Momente in Feldmitte betragen: $M_1 = 13 \times 4^2 / 8 = \underline{26 \text{ kNm}}$

$$M_1 = 100 \times 2{,}5^2/5 = \underline{125 \text{ kNm}}$$

Als Vergleichsträgheitsmoment wird das Moment des Trägers A-B gewählt. Nach Anwendung der Kopplungstafeln (zu beachten sind hierbei die unterschiedlichen Trägheitsmomente am Träger) erhält man:

$$E \times I_c \times \delta_{11} = \Sigma (M_1 \times M_1 \times 1 \times I_c/ I)$$
$$= 4/3 \times 1{,}0^2 \times 1/1{,}5 + 5/3 \times 1{,}0^2 \times 1/1 = 2{,}56$$
$$E \times I_c \times \delta_{12} = 4/6 \times 1{,}0^2 \times 1/1{,}5 = 0{,}44$$
$$E \times I_c \times \delta_{21} = E \times I_c \times \delta_{12} = 0{,}44$$
$$E \times I_c \times \delta_{22} = 4/3 \times 1{,}0^2 \times 1/1{,}5 = 0{,}89$$
$$E \times I_c \times \delta_{10} = \Sigma (M_0 \times M_1 \times 1 \times I_c/ I)$$
$$= 5/4 \times 125 \times 1{,}0 \times 1/1 + 4/3 \times 26 \times 1{,}0 \times 1/1{,}5 = 179{,}36$$
$$E \times I_c \times \delta_{20} = 4/3 \times 26 \times 1{,}0 \times 1/1{,}5 = 23{,}11$$

Damit ergibt sich folgendes Gleichungssystem:

(I): $2{,}56 \times X_1 + 0{,}44 \times X_2 = - 179{,}36$
(II): $0{,}44 \times X_1 + 0{,}89 \times X_2 = - 23{,}11$

Nach Lösen des Gleichungssystems ergeben sich: $X_1 = - 71{,}92$; $X_2 = 9{,}96$

Die Auflagerkräfte und Momente errechnen sich nach den Gleichungen:

$$A = A_0 + X_1 \times A_1 + X_2 \times A_2$$
$$M = M_0 + X_1 \times M_1 + X_2 \times M_2$$

Damit ergeben sich: $A = 26 - 71{,}92 \times 0{,}25 + 9{,}96 \times (- 0{,}25) = \underline{5{,}53 \text{ kN}}$

M-Linie:

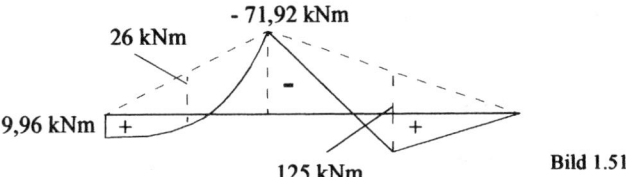

Bild 1.51

Infolge der gegebenen Belastung beträgt das Moment an der Stelle x:

$M_x = 5,53 \times 3,5 + 9,96 - 13 \times 3,5^2 / 2 = \underline{- 50,31\ kNm}$

Durch Absenken des Lagers b muß erreicht werden, dass das Moment „0" wird, d.h. es muß bei Absenken des Lagers b ein positives Moment von 50,31 kNm an dieser Stelle erzeugt werden.

Lastfall Stützensenkung:

$E \times I \times \delta_{10} = E \times I \times B_1 \times \delta_B = 17263,8 \times (- 0,45) \times (- \delta_B)$

$E \times I \times \delta_{20} = E \times I \times B_2 \times \delta_B = 17263,8 \times 0,25 \times (- \delta_B)$

Gleichungssystem: (I): $2,56 \times X_1 + 0,44 \times X_2 = - 7768,71 \times \delta_B$

(II): $0,44 \times X_1 + 0,89 \times X_2 = 4315,95 \times \delta_B$

Nach Lösen des Gleichungssystems ergeben sich:

$X_1 = 6982,59 \times \delta_B; \quad X_2 = - 4254,29 \times \delta_B$

$- 0,45 \times (- 4254,29 \times \delta_B) + 0,25 \times 6982,59 \times \delta_B = 3660,08 \times \delta_B$

mit dem Moment an der Stelle x = 0,50 m von: 50,31 kNm ergibt sich:

$0,5 \times (3660,08 \times \delta_B) = 50,31$

$$\boxed{\delta_B = 0,0275\ m = 2,75\ cm}$$

1.2.9 Deckenträger mit gemischter Belastung

Ermitteln Sie die Lage und die Größe der max. Durchsenkung!

Statisches System und Belastung:

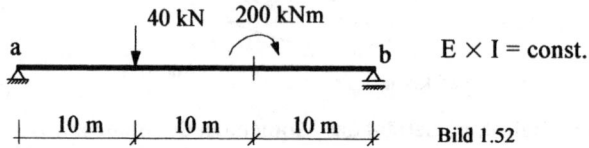

E × I = const.

Bild 1.52

Lösung:

Grad der statischen Unbestimmtheit:

$n = a + v - (3 \times s) = 3 + 0 - (3 \times 1) = \underline{\underline{0}}$

Das System ist statisch bestimmt. Zunächst wird die Gesamt-Momentenlinie aus den einzelnen M-Linien, resultierend aus Einzellast und Moment, ermittelt.

Momente infolge Gleichlast:

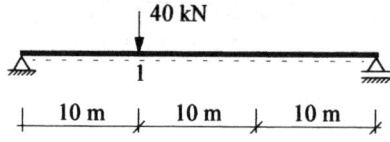

M-Linie:

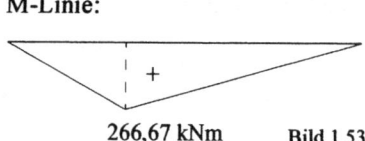

266,67 kNm   Bild 1.53

$M_1 = 40 \times 10 \times 20 / 30 = \underline{266{,}67 \text{ kNm}}$

Momente infolge Momentenbelastung:

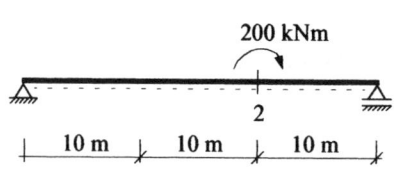

M-Linie:

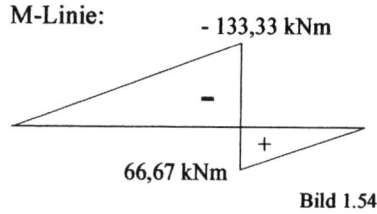

- 133,33 kNm

66,67 kNm

Bild 1.54

$M_{2,1} = -200 \times 20 / 30 = \underline{-133{,}33 \text{ kNm}}$

$M_{2,r} = 200 \times 10 / 30 = \underline{66{,}67 \text{ kNm}}$

Diese beiden Momentenlinien werden jetzt überlagert, es entsteht eine Gesamt-Momentenlinie, an der die weiteren Berechnungen vorgenommen werden.

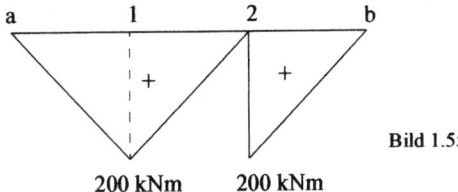

Bild 1.55

Da die maximale Durchsenkung im Mittelbereich des Trägers zu erwarten ist, werden in den Punkten 1 und 2 virtuelle Lasten der Größe „1" zur Ermittlung der Durchsenkung aufgebracht.

<u>Durchsenkung im Punkt 1:</u>

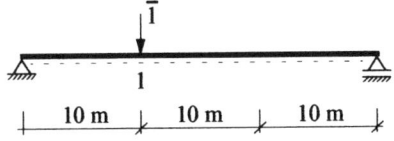

M-Linie:

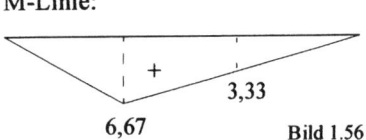

Bild 1.56

$$E \times I \times \delta_1 = 10/3 \times 6{,}67 \times 200 + 10/6 \times (2 \times 6{,}67 + 3{,}33) \times 200$$
$$+ 10/3 \times 3{,}33 \times 200$$
$$= 12222{,}22$$

<u>Durchsenkung im Punkt 2:</u>

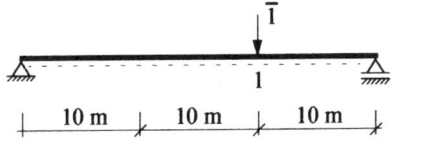

M-Linie:

Bild 1.57

$$E \times I \times \delta_2 = 20/4 \times 6{,}67 \times 200 + 10/3 \times 6{,}67 \times 200 = 11111{,}11$$

Die maximale Durchsenkung ist im Bereich 1-2 zu erwarten. Die Gesamt-Momentenlinie ist in diesem Bereich eine Gerade, für die im folgenden eine Gleichung erstellt wird.

<u>Bereich 1-2:</u> Gleichung der Form: $\boxed{y = mx + n}$

$$m = (y_1 - y_0) / (x_1 - x_0) = (0 - 200) / (10 - 0) = \underline{-\ 20}; \ n = 200$$

$$\boxed{y = -\ 20 \times x + 200}$$

Bei Anwendung der direkten Integration sind folgende Zusammenhänge zu beachten:

$z = z(x)$ Gleichung der Biegelinie
$z' = \phi(x)$ Gleichung der Neigung der Stabachse
$z'' = -\ M / (E \times I)$ Gleichung der Momentenlinie
$z''' = -\ M' / (E \times I) = -\ Q / (E \times I)$ Gleichung der Querkraftlinie
$z^{IV} = -\ Q' / (E \times I) = q(x) / (E \times I)$ Gleichung der Belastungsfunktion

Für diese Aufgabe sind die ersten drei Gleichungen von Bedeutung. Durch Integration erhält man schrittweise aus der Gleichung der M-Linie die Gleichung der Biegelinie.

Ermittlung der Biegelinie mittels direkter Integration:

Gleichung der M-Linie: $E \times I \times z'' = 20 \times x - 200$
Gl. d. Neigg. d. Stabachse: $E \times I \times z' = 10 \times x^2 - 200 \times x + c_1$
Gleichung der Biegelinie: $E \times I \times z = 3{,}33 \times x^3 - 100 \times x^2 + c_1 \times x + c_2$

Da in der Gleichung der Biegelinie zwei Integrationskonstanten (Unbekannte) vorkommen, müssen Randbedingungen geschaffen werden, um die Gleichung lösen zu können. Durch die Berechnung der Durchbiegung in den Punkten 1 und 2 wurden diese bereits geschaffen.

Randbedingungen:

$\quad\quad x = 0 \quad \longrightarrow \quad z = 12222{,}22 / E \times I \quad \longrightarrow \quad c_2 = 12222{,}22$

$\quad\quad x = 1 \quad \longrightarrow \quad z = 11111{,}11 / E \times I$

$\quad\quad\quad\quad 11111{,}11 = 3{,}33 \times 10^3 - 100 \times 10^2 + c_1 \times 10 + 12222{,}22$

$\quad\quad\quad\quad c_1 = 555{,}56$

Mit den berechneten Integrationskonstanten erhält man folgende Gleichungen:

Biegelinie: $E \times I \times z = 3{,}33 \times x^3 - 100 \times x^2 + 555{,}56 \times x + 12222{,}22$
Neigg. d. Stabachse: $E \times I \times z' = 10 \times x^2 - 200 \times x + 555{,}56$

Die Stelle, an der die Stabachse keine Neigung aufweist (Neigung der Stabachse = 0), ist die Stelle der maximalen Durchbiegung.:

Stelle der maximalen Durchbiegung:

Die Gleichung der Neigung der Stabachse wird gleich „null" gesetzt, um die Stelle der maximalen Durchbiegung zu berechnen:

$$0 = 10 \times x^2 - 200 \times x + 555,56$$
$$x^2 - 200 \times x + 555,56 = 0$$
$$x_1 = 3{,}33 \text{ m} \; ; \; (x_2 = 3{,}33 \text{ m} \text{ --- liegt außerhalb des Abschnittes 1-2})$$

Die quadratische Parabel hat zwei Lösungen, wobei die zweite Lösung außerhalb des betrachteten Trägerbereiches liegt.

Die Stelle der maximalen Durchbiegung befindet sich um 10 + 3,33 = 13,33 m rechts des Auflagers a.

Betrag der maximalen Durchbiegung:

$$E \times I \times z = 3{,}33 \times 3{,}33^3 - 100 \times 3{,}33^2 + 555{,}56 \times 3{,}33 + 12222{,}22 = \mathbf{13086{,}4}$$

1.2.10 Kragträger mit gemischter Belastung

Ermitteln Sie den Betrag von P für gleiche Durchsenkungen im Feld und am Kragarmende!

Statisches System und Belastung:

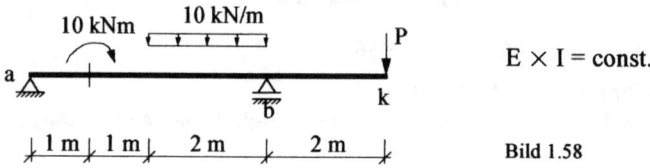

$E \times I = const.$

Bild 1.58

<u>Lösung:</u>

<u>Grad der statischen Unbestimmtheit:</u>

$n = a + v - (3 \times s) = 3 + 0 - (3 \times 1) = \underline{\underline{0}}$

Das System ist statisch bestimmt. Zunächst wird die Gesamt-Momentenlinie aus den einzelnen M-Linien, resultierend aus Einzellast und Moment, ermittelt.

<u>Momente infolge Gleichlast:</u>

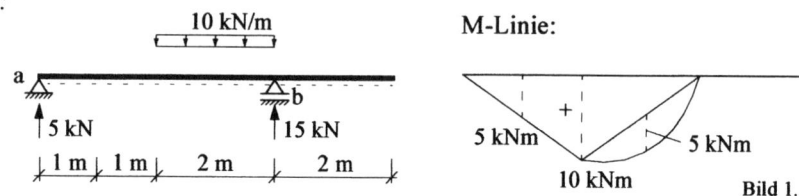

M-Linie:

Bild 1.59

Auflagerkräfte: A = $10 \times 2 \times 1 / 4 = \underline{5\ kN}$;   B = $10 \times 2 \times 3 / 4 = \underline{15\ kN}$

<u>Momente infolge Momentenbelastung:</u>

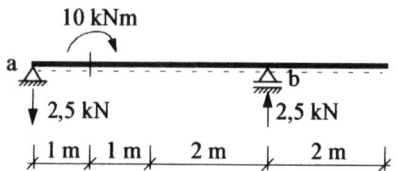

M-Linie:

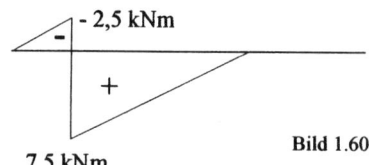

Bild 1.60

Auflagerkräfte: A = $- 10 / 4 = \underline{- 2,5\ kN}$;   B = $10 / 4 = \underline{2,5\ kN}$

Diese beiden Momentenlinien werden jetzt überlagert, es entsteht eine Gesamt-Momentenlinie, an der die weiteren Berechnungen vorgenommen werden.

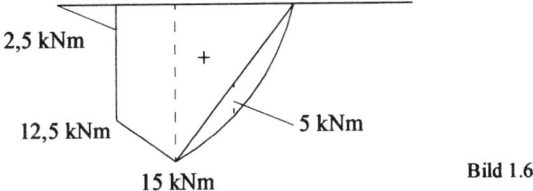

Bild 1.61

Aufgrund der Belastung P auf dem Kragarmende enstehen ebenfalls Schnittgrößen (Bild 1.62).

M-Linie:

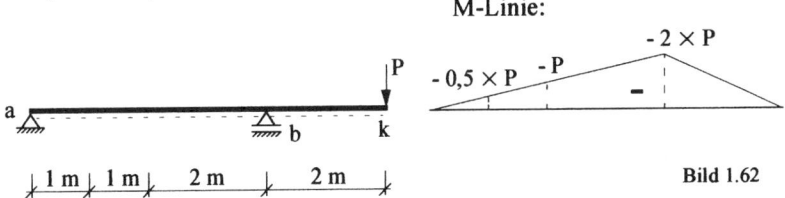

Bild 1.62

Nachfolgend ist die Gesamt-Momentenlinie (Zustand $X_0 = 0$) anschaulich dargestellt (Bild 1.63).

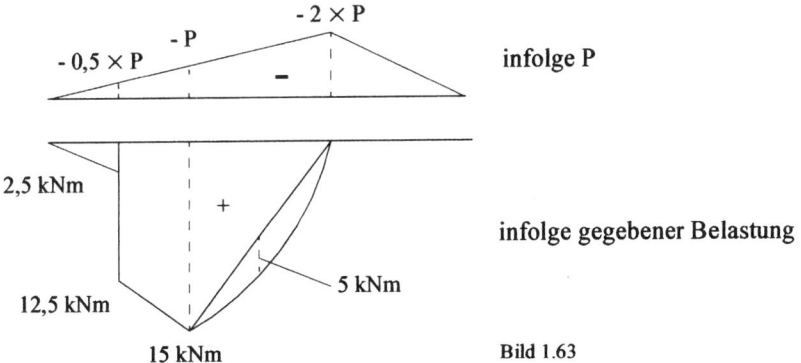

infolge P

infolge gegebener Belastung

Bild 1.63

Da die gleichen Durchsenkungen im Feld und am Kragarmende gesucht sind, werden in den Punkten m und k virtuelle Lasten der Größe „1" zur Ermittlung der Durchsenkung aufgebracht.
Dabei werden die Durchsenkungen infolge der gegebenen Belastung sowie infolge der Last P am Kragarmende seperat ermittelt.

1. Ermittlung der Durchsenkung im Punkt m:

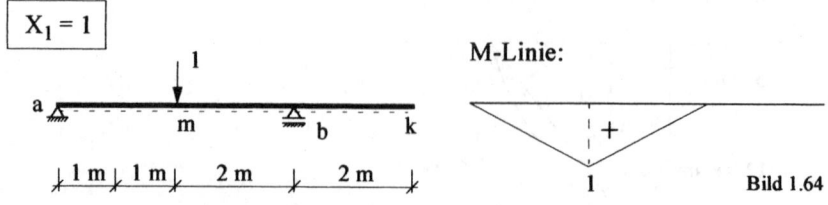

Bild 1.64

Unter Anwendung der Kopplungstafeln erhält man:

$E \times I \times \delta_{m,p} = 4/4 \times 1 \times (-2 \times P) = -2 \times P$

$E \times I \times \delta_{m,m} = 1/3 \times 2,5 \times 0,5 + 1/6 \times (12,5 \times (2 \times 0,5 + 1) + 15 \times (0,5 + 2 \times 1))$

$$+ 2/3 \times 15 \times 1 + 2/3 \times 5 \times 1$$
$$= 24,17$$

$E \times I \times \delta_m = 24,17 - 2 \times P$

2. Ermittlung der Durchsenkung im Punkt k:

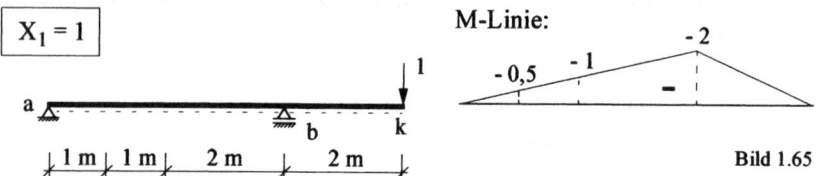

Bild 1.65

Unter Anwendung der Kopplungstafeln erhält man:

$E \times I \times \delta_{k,p} = 6/3 \times (-2) \times (-2 \times P) = 8 \times P$

$E \times I \times \delta_{k,m} = 1/3 \times 2,5 \times (-0,5)$

$$+ 1/6 \times (12,5 \times (2 \times (-0,5) - 1) + 15 \times ((-0,5 - 2 \times 1))$$
$$+ 2/3 \times 15 \times (2 \times (-1) - 2) + 2/3 \times 5 \times (-12,5 - 2)$$
$$= 62,5$$

$E \times I \times \delta_m = 62,5 + 8 \times P$

Um gleiche Durchsenkungen sowohl in Feldmitte als auch am Kragarmende zu erhalten, werden die ermittelten Durchsenkungen gleichgesetzt.

3. Gleiche Durchsenkungen im Feld und am Kragarmende:

Feld: $E \times I \times \delta_m = -2 \times P + 24,17$
Kragarm: $E \times I \times \delta_k = 8 \times P - 62,5$

$$E \times I \times \delta_m = E \times I \times \delta_k$$

$$-2 \times P + 24,17 = 8 \times P - 62,5$$

$$\underline{\underline{P = 8,67 \text{ kN}}}$$

Mit der Last P kann man nun die beiden Durchsenkungen ermitteln:

Feld: $E \times I \times \delta_m = -2 \times 8,67 + 24,17 = 6,83$
Kragarm: $E \times I \times \delta_k = 8 \times 8,67 - 62,5 \quad = 6,86$

Beide Durchsenkungen sind annähernd gleich groß.

1.3 Aufgaben mit Lösungshinweisen und Ergebnissen

1.3.1 Halbrahmen mit gemischter Belastung

Ermitteln Sie die Auflagerkräfte und die Schnittgrößen für folgende Lastfälle:
a) Vertikalbelastung von 20 kN/m und Windlast von 30 kN
b) Stützenverdrehung $\phi_e = 0,017$

Statisches System und Belastung:

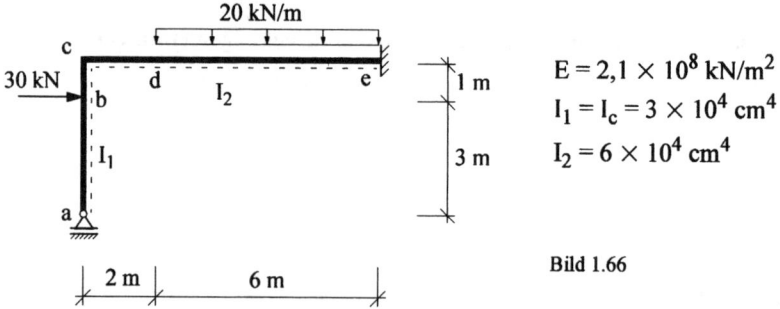

$$E = 2,1 \times 10^8 \text{ kN/m}^2$$
$$I_1 = I_c = 3 \times 10^4 \text{ cm}^4$$
$$I_2 = 6 \times 10^4 \text{ cm}^4$$

Bild 1.66

Kontrollgrößen:

Auflagerkräfte und Schnittgrößen für
a) Vertikalbelastung von 20 kN/m und Windlast von 30 kN:

$A_H = 3,75 \text{ kN},$ $A_V = 35,86 \text{ kN},$
$E_H = -33,75 \text{ kN},$ $E_V = 84,14 \text{ kN},$
$M_E = -118,1 \text{ kNm},$ $M_C = -45,00 \text{ kNm}$

b) Stützenverdrehung $\phi_e = 0,017$

$A_H = 57,38 \text{ kN},$ $A_V = 143,44 \text{ kN},$
$E_H = -57,38 \text{ kN},$ $E_V = -143,44 \text{ kN},$
$M_E = 918 \text{ kNm},$ $M_C = -229,50 \text{ kNm}$

1.3.2 Geknickter Kragträger

Ermitteln Sie die vertikale Verschiebung des Punktes c!

Statisches System und Belastung:

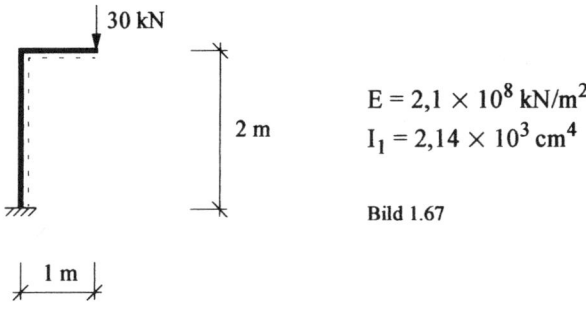

$E = 2,1 \times 10^8$ kN/m^2
$I_1 = 2,14 \times 10^3$ cm^4

Bild 1.67

Kontrollgröße: $\delta_c = 15,6$ mm

1.3.3 Einfeldträger mit abgeknicktem Kragarm

Ermitteln Sie
a) die horizontale Verschiebung des Punktes c
b) die Verdrehung des Punktes c

Statisches System und Belastung:

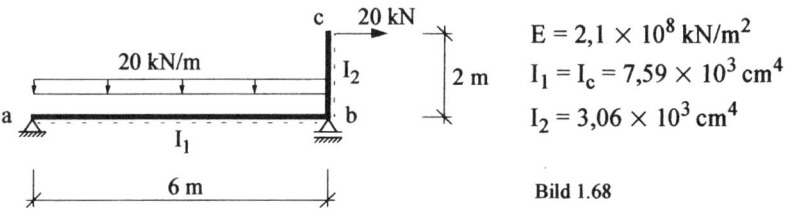

$E = 2,1 \times 10^8$ kN/m^2
$I_1 = I_c = 7,59 \times 10^3$ cm^4
$I_2 = 3,06 \times 10^3$ cm^4

Bild 1.68

Kontrollgrößen:

a) Horizontale Verschiebung des Punktes c: $\delta_c = 4,2$ mm

b) Verdrehung des Punktes c: $\phi_c = 0$

1.3.4 Geknickter Einfeldträger mit gemischter Belastung

Ermitteln Sie die Auflagerkräfte und Schnittgrößen!

Statisches System und Belastung:

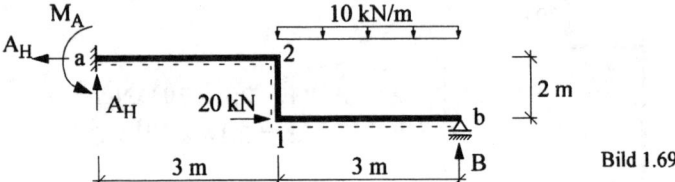

Bild 1.69

Kontrollgrößen:

$A_H = 20,00$ kN, $A_V = 18,97$ kN, $B = 11,03$ kN,
$M_A = -28,75$ kNm, $M_2 = 28,15$ kNm

1.3.5 Gelenkrahmen mit gemischter Belastung

Ermitteln Sie die Auflagerkräfte und Schnittgrößen!

Statisches System und Belastung:

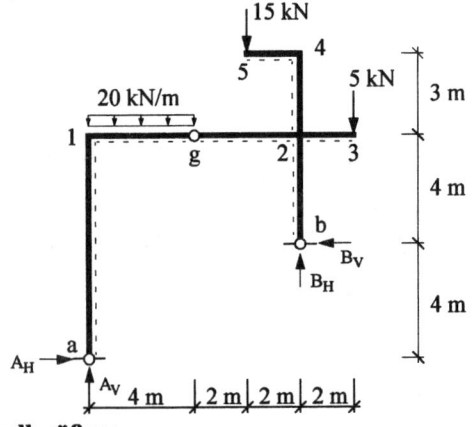

Bild 1.70

Kontrollgrößen:

$A_H = 15$ kN, $A_V = 70$ kN, $B_H = 15$ kN, $B_V = 30$ kN,
$M_1 = -120$ kNm, $M_{2,l} = -40$ kNm, $M_{2,r} = -10$ kNm, $M_{2,o} = -30$ kNm,
$M_{2,u} = -60$ kNm, $M_{4,u} = M_{4,l} = -30$ kNm

1.3.6 Gelenkträger mit Gleichlast

Gesucht ist die gegenseitige Verdrehung der Querschnitte am Gelenk!

Statisches System und Belastung:

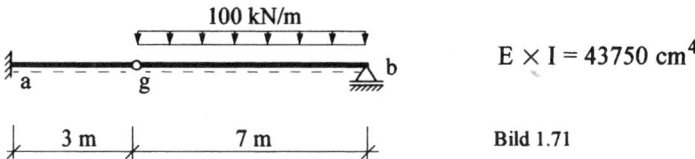

$$E \times I = 43750 \text{ cm}^4$$

Bild 1.71

Kontrollwert: $\phi_g = -0,8°$

2 Durchlaufträger und Rahmen nach Cross

2.1 Allgemeines

Das Cross-Verfahren dient der Ermittlung von Knoten- oder Stützenmomenten von Durchlaufträgern und Rahmentragwerken. Es handelt sich hierbei um ein Iterationsverfahren, bei dem die Auflösung eines Gleichungssystems vermieden wird. Hierbei denkt man sich die Knoten zunächst undrehbar und unverschieblich festgehalten. Durch schrittweises Ausgleichen der Momente wird ein Gleichgewicht an sämtlichen Knoten erreicht. Für die Berechnung der Knotenmomente empfiehlt es sich, sämtliche Größen in einer Tabelle zusammenzustellen.

Vorzeichenregelung:

Alle am Knoten im Uhrzeigersinn drehenden Momente sind positiv.

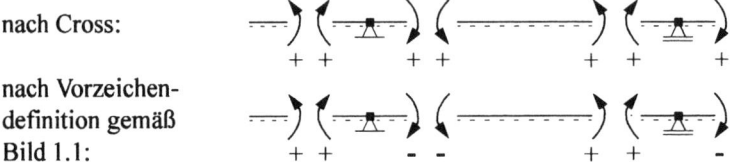

nach Cross:

$+$ $+$ $+$ $+$ $+$ $+$ $+$

nach Vorzeichen-
definition gemäß
Bild 1.1:

$+$ $+$ $-$ $-$ $+$ $+$ $-$

Vorgehensweise:

Bild 2.72

1. Berechnung der Steifigkeiten:
   $k = 0{,}75 \times E \times I / l$ für Endfelder mit frei drehbaren Endauflagern
   $k = 1 \times E \times I / l$ für Mittelfelder

2. Berechnung der Verteilerzahlen $\mu = k / \Sigma k$ für jede Innenstütze ($\Sigma \mu = 1$).
   Bei frei drehbaren und fest eingespannten Endauflagern ist $\mu = 0$.

3. Ermitteln der Einspannmomente M* unter Annahme voller Einspannung mit Hilfe von Berechnungstafeln. Diese Tafeln „Belastungsglieder und Volleinspannmomente" sind in allen gebräuchlichen bautechnischen Handbüchern enthalten.

4. Berechnung der Differenzenmomente ΔM an jeder Innenstütze
5. Berechnen der Ausgleichsmomente - $\mu \times \Delta M$
6. Anschreiben der Fortleitungszahl:
   $\gamma = 0,5$ für benachbarte Innenstützen oder Endeinspannungen
   $\gamma = 0$ für benachbarte frei drehbare Endauflager
7. Fortleiten des halben Ausgleichsmomentes bei $\gamma = 0,5$
8. Weiterer Ausgleich der fortgeleiteten Momente:
   Der Ausgleich erfolgt so lange, bis Momente vernachlässigbar klein sind.
9. Aufsummieren der Einspann-, Ausgleichs- und Fortleitmomente an jeder Stütze

Bei den folgenden Beispielen sind Vorgehensweise und Rechengang in Tabellenform anschaulich dargestellt. Je nach Aufgabenumfang variieren dabei die Tabellengröße und -gestaltung.

2.2 Ausführlich erläuterte Aufgaben

2.2.1 Symmetrischer Brückenträger mit Gleichlast

Beim dargestelltenTragwerk ist der Momentenverlauf nach Cross zu bestimmen!

Anmerkungen: $I_R = 44,5$ dm^4

                $I_S = 34,5$ dm^4

Statisches System und Belastung:

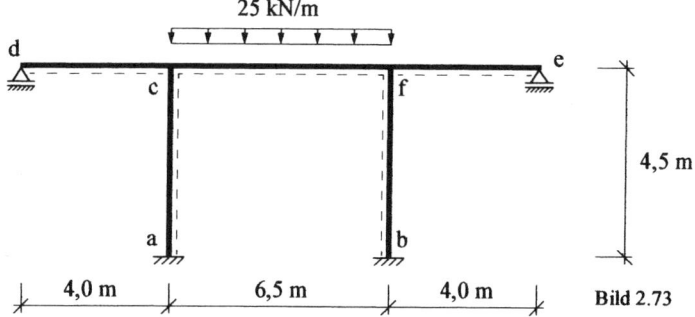

Bild 2.73

Das Verhältnis der Steifigkeiten ergibt sich mit: $I_R : I_S = 44,5 : 34,5 = 1,29 : 1$
Lösung:

Berechnung der Steifigkeiten k (Bild 2.74):

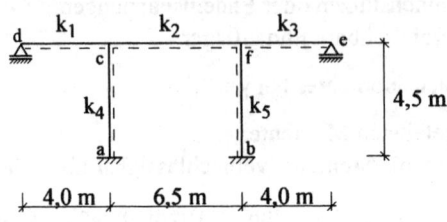

$$k_1 = 1,29 \times 0,75 / 4 = 0,242$$
$$k_2 = 1,29 \times 1,0 / 6,5 = 0,198$$
$$k_3 = 1,29 \times 0,75 / 4 = 0,242$$
$$k_4 = 1,0 \times 1,0 / 4,5 = 0,222$$
$$k_5 = 1,0 \times 1,0 / 4,5 = 0,222$$

Knoten c   **Knoten f**

0,242   0,198   0,198   0,242

0,222   0,222
                                                    Bild 2.74

Berechnung der Verteilerzahlen μ (Bild 2.75):

$$\mu_{c,l} = \mu_{f,r} = 0,242 / (0,242 + 0,198 + 0,222) = 0,365$$
$$\mu_{c,r} = \mu_{f,l} = 0,198 / (0,242 + 0,198 + 0,222) = 0,300$$
$$\mu_{c,u} = \mu_{f,u} = 0,222 / (0,242 + 0,198 + 0,222) = 0,335$$

- 0,365   - 0,300   - 0,300   - 0,365

- 0,335   - 0,335   Bild 2.75

Berechnung der Einspannmomente M* nach Tafeln (Bild 2.76):

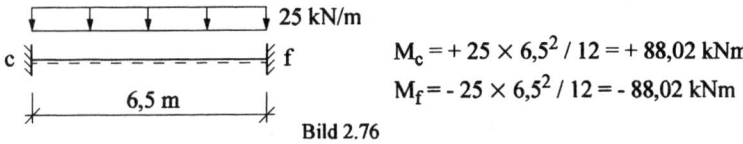

$$M_c = + 25 \times 6,5^2 / 12 = + 88,02 \text{ kNm}$$
$$M_f = - 25 \times 6,5^2 / 12 = - 88,02 \text{ kNm}$$

Bild 2.76

Die weitere Berechnung wird im abgebildeten Schema auf der folgenden Seite fortgesetzt (Bild 2.77).

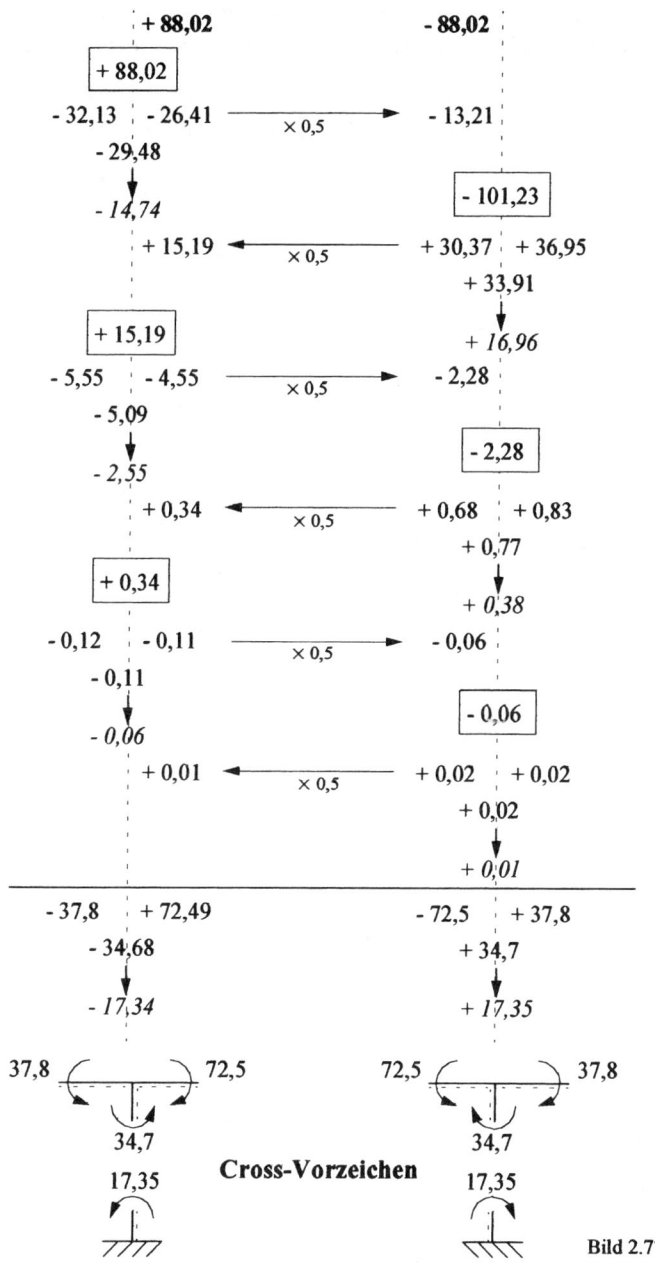

Cross-Vorzeichen

Bild 2.77

Mit Hilfe der festgelegten Definition der Schnittgrößen entwickelt man jetzt die
Biegemomente gemäß Vorzeichendefinition nach Bild 1.1 (Statik-Vorzeichen):

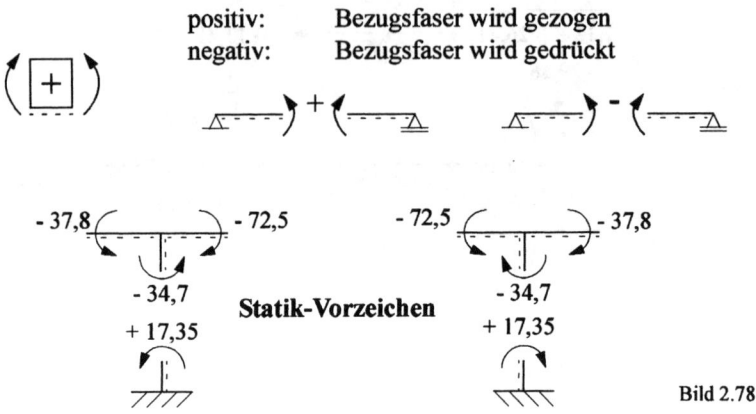

Bild 2.78

Mit den Momenten nach Statik kann nun die Momentenlinie dargestellt werden
(Bild 2.79):

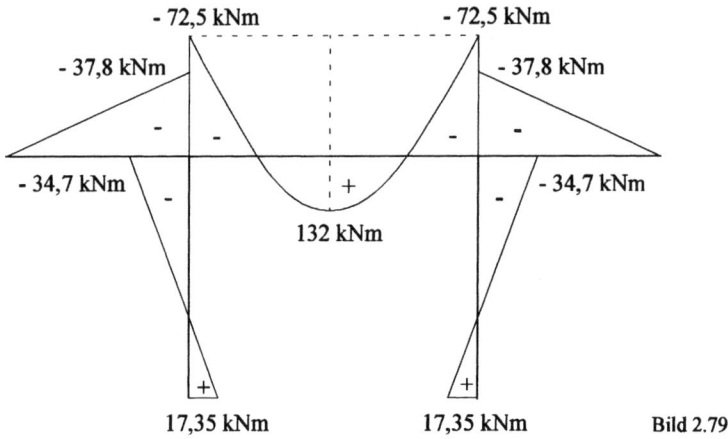

Bild 2.79

Aufgrund der Gleichlast ergibt sich auf dem Trägerteil c-f eine parabelförmige
Momentenverteilung.

2.2.2 Überdachung mit gemischter Belastung

Bei der dargestellten Überdachung ist der Momentenverlauf zu bestimmen!

Statisches System und Belastung:

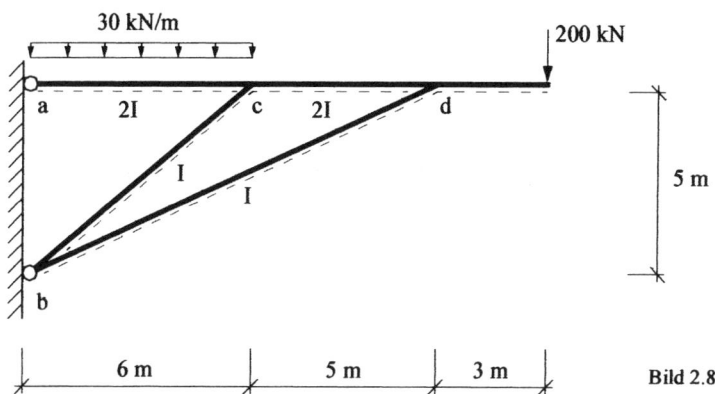

Bild 2.80

Lösung:

Ermittlung der Steifigkeiten k (Bild 2.81):

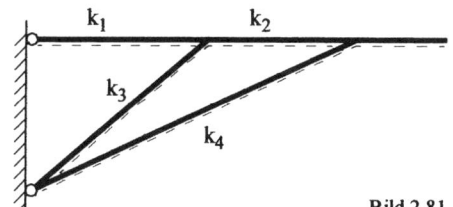

Bild 2.81

$k_1 = 0,75 \times 2 / 6 = 0,25$

$k_2 = 1,0 \times 2 / 6 = 0,4$

$k_3 = 0,75 \times 1 / 7,81 = 0,10$

$k_4 = 0,75 \times 1 / 12,08 = 0,06$

Ermittlung der Verteilerzahlen -μ (Bild 2.82):

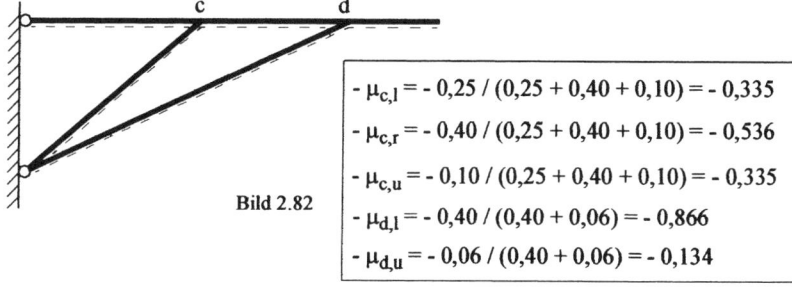

Bild 2.82

$-\mu_{c,l} = -0,25 / (0,25 + 0,40 + 0,10) = -0,335$

$-\mu_{c,r} = -0,40 / (0,25 + 0,40 + 0,10) = -0,536$

$-\mu_{c,u} = -0,10 / (0,25 + 0,40 + 0,10) = -0,335$

$-\mu_{d,l} = -0,40 / (0,40 + 0,06) = -0,866$

$-\mu_{d,u} = -0,06 / (0,40 + 0,06) = -0,134$

Berechnung der Einspannmomente M* (Bild 2.83):

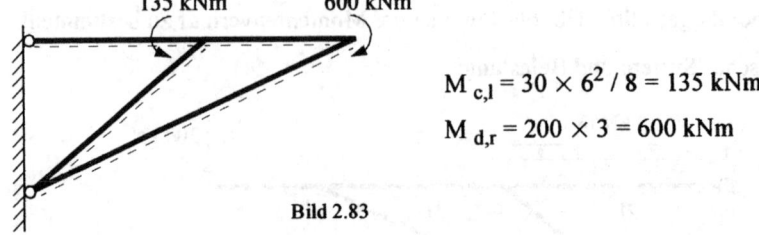

$$M_{c,l} = 30 \times 6^2 / 8 = 135 \text{ kNm}$$

$$M_{d,r} = 200 \times 3 = 600 \text{ kNm}$$

Bild 2.83

Die weitere Berechnung wird im abgebildeten Schema fortgesetzt (Bild 2.84):

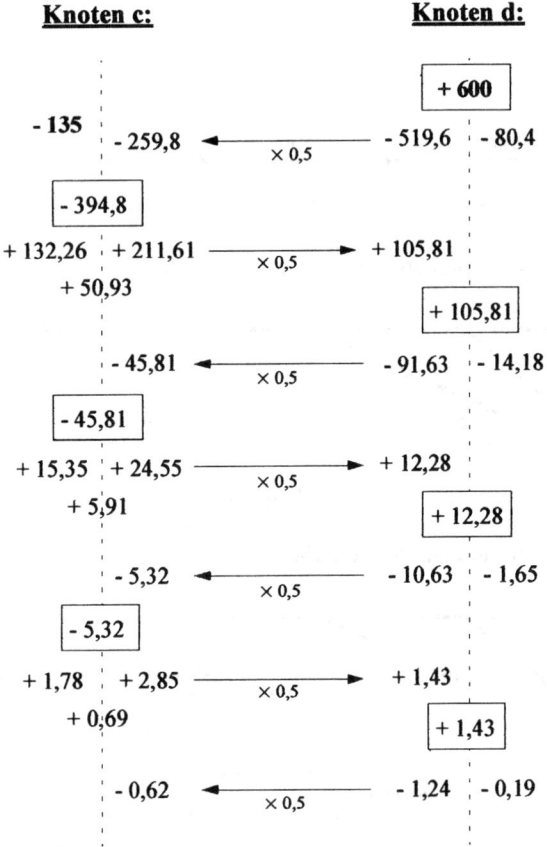

Bild 2.84

Fortsetzung:

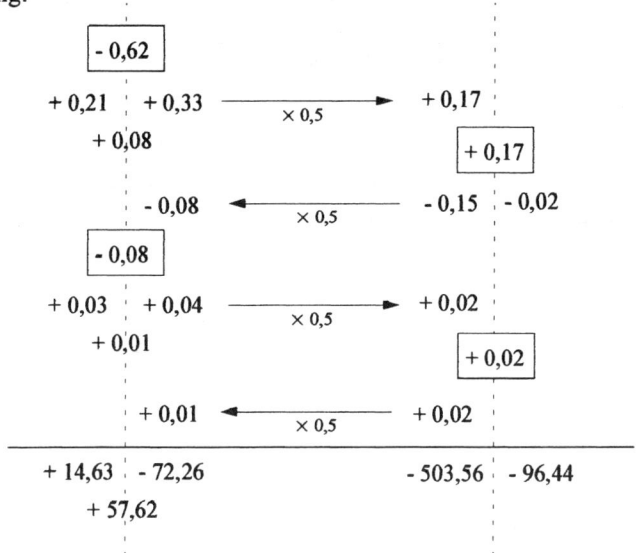

Cross-Vorzeichen

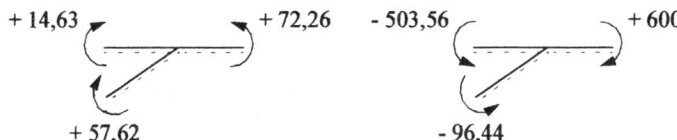

Statik-Vorzeichen (Vorzeichendefinition nach Bild 1.1)

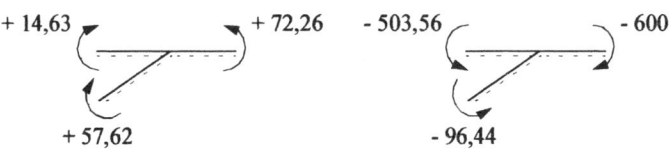

Bild 2.84

M-Linie:

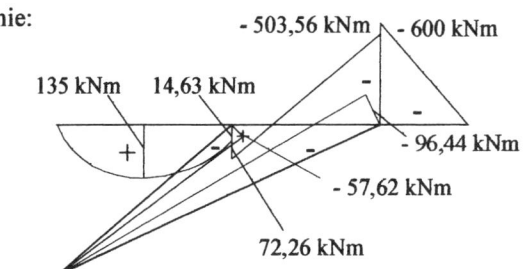

Bild 2.85

2.2.3 Geknickter Träger mit trapezförmiger Belastung

Gesucht ist der Momentenverlauf am geknickten Träger!

Statisches System und Belastung:

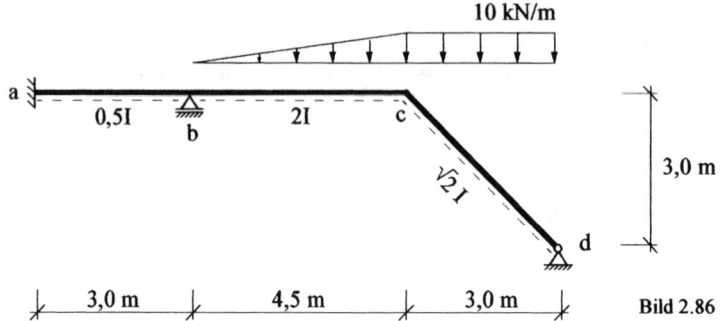

Bild 2.86

Lösung:

Einspannmomente M* (Bild 2.87):

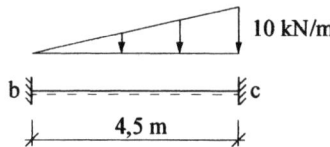

$M_b = 10 \times 4{,}5^2 / 30 = \underline{6{,}75 \text{ kNm}}$

$M_c = 10 \times 4{,}5^2 / 20 = \underline{- 10{,}13 \text{ kNm}}$

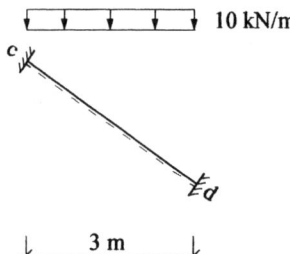

$M_c = 10 \times 3^2 / 8 = \underline{11{,}25 \text{ kNm}}$

$M_d = 0$

Bild 2.87

Die weitere Berechnung wird in einer geeigneten Tabellenform auf der folgenden Seite erläutert.

Knoten	a	b		c	d
Stab	1	2		3	
I	0,5	2,0		√2	
l in m	3,0	4,5		√18	
k	0,5 / 3 = 0,167	2 / 4,5 = 0,167		√2 × 0,75/√18 = 0,25	
- μ	0	- 0,273	- 0,727	- 0,640	- 0,360	0
M*	0	0	6,75	- 10,13	11,25	0

```
                                              + 1,12
                        - 0,36  ◄── ×0,5 ──  - 0,72   - 0,40
               + 6,39
     - 0,87 ◄── ×0,5 ── - 1,74   - 4,65 ── ×0,5 ──►  - 2,32
                                              - 2,32
                        + 0,74  ◄── ×0,5 ──  + 1,48   + 0,84
               + 0,74
     - 0,10 ◄── ×0,5 ── - 0,20   - 0,54 ── ×0,5 ──►  - 0,27
                                              - 0,27
                        + 0,09  ◄── ×0,5 ──  + 0,17   + 0,10
               + 0,09
     - 0,01 ◄── ×0,5 ── - 0,02   - 0,07 ── ×0,5 ──►  - 0,04
                                              - 0,04
                        + 0,02  ◄── ×0,5 ──  + 0,03   + 0,01
               + 0,02
                        - 0,01   - 0,01
```

	- 0,98	- 1,97	+ 1,97	- 11,80	+ 11,80	0

Tabelle 2.3

Vorzeichenreglung (Bild 2.88):

Cross:

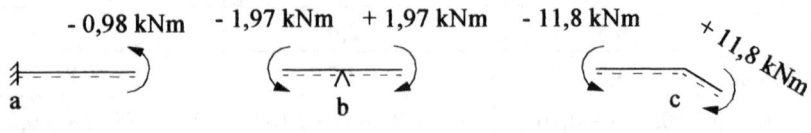

Bild 2.88

Mit Hilfe der festgelegten Definition der Schnittgrößen entwickelt man jetzt die vorzeichengerechten Biegemomente nach Statik (Bild 2.89):

positiv: Bezugsfaser wird gezogen
negativ: Bezugsfaser wird gedrückt

Statik-Vorzeichen nach Vorzeichendefinition gemäß Bild 1.1:

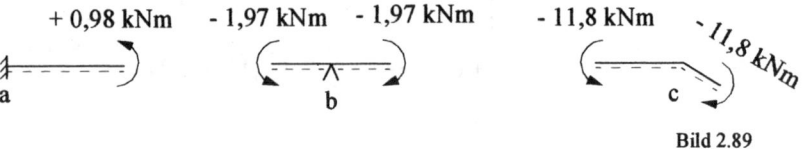

Bild 2.89

Mit den ermittelten Momenten wird nun die M-Linie dargestellt (Bild 2.90).

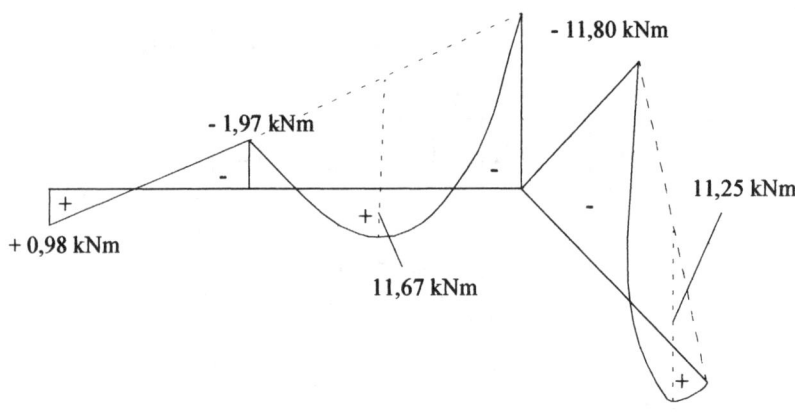

Bild 2.90

2.2.4 Symmetrisches Brückentragwerk mit Gleichlast

Gesucht ist der Momentenverlauf am dargestellten symmetrischen Tragwerk!
Statisches System und Belastung:

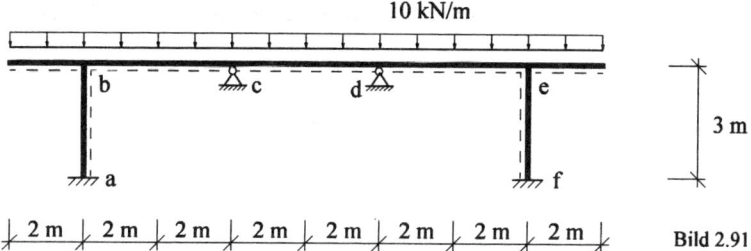

Bild 2.91

Lösung:

Das Tragwerk ist hinsichtlich seiner Geometrie und Belastung symmetrisch.
Aufgrund der Symmetrie wird nur eine Tragwerkshälfte betrachtet.

Statisches System mit Trägheitsmomenten Bild 2.92):

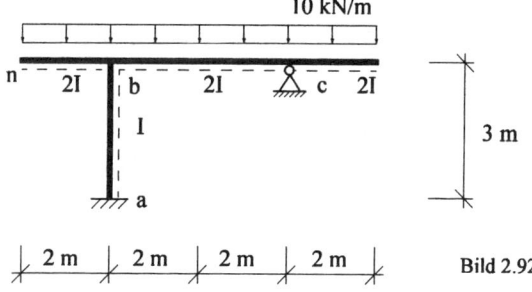

Bild 2.92

Einspannmomente (Bild 2.93):

$$M_n = 0$$
$$M_b = -10 \times 2^2 / 2 = \underline{-20 \text{ kNm}}$$

$$M_b = +10 \times 4^2 / 12 = \underline{+13,33 \text{ kNm}}$$
$$M_c = -10 \times 4^2 / 12 = \underline{-13,33 \text{ kNm}}$$

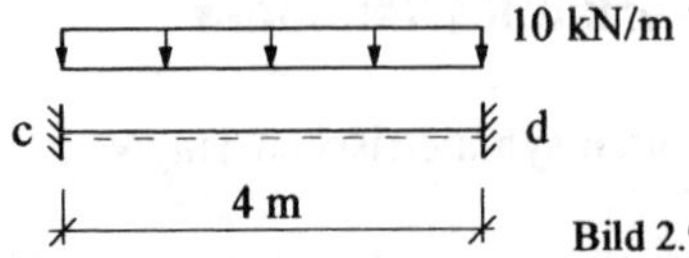

$$M_c = + 10 \times 4^2 / 12 = + 13{,}33 \text{ kNm}$$

Bild 2.93

Die weitere Berechnung wird in einer geeigneten Tabellenform fortgesetzt.

Knoten	n	b			c
Stab	1	2	3		4
I	2,0	1,0	2,0		2,0
l in m	2,0	3,0	4,0		4,0
k	0,25 × 2/2= 0,25	1 / 3 = 0,333	2 / 4,0 = 0,50		0,5×2/4 = 0,25
- μ	0	- 0,231	- 0,307	- 0,462	- 0,667 - 0,333
M*	- 20		+ 13,33	- 13,33	+ 13,33
		- 6,67			
	+ 1,54	+ 2,05	+ 3,08 ⟶ + 1,54		
			× 0,5		
					+ 1,54
			- 0,52 ⟵ - 1,03		- 0,51
			× 0,5		
		- 0,52			
	+ 0,12	+ 0,16	+ 0,24 ⟶ + 0,12		
			× 0,5		
					+ 0,12
			- 0,04 ⟵ - 0,08		- 0,04
			× 0,5		
		- 0,04			
	+ 0,01	+ 0,01	+ 0,02 ⟶ + 0,01		
			× 0,5		
	0	- 18,33	+ 2,22	+ 16,11	- 12,77 + 12,78

Tabelle 2.4

Vorzeichenreglung (Bild 2.94):

Cross:

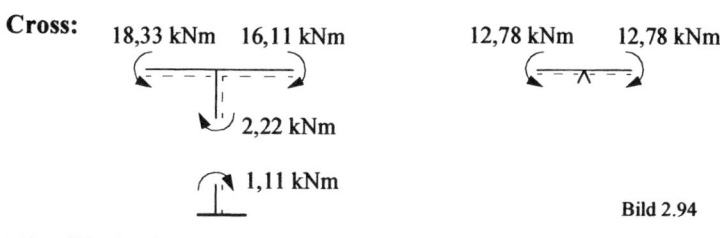

Bild 2.94

Mit Hilfe der festgelegten Definition der Schnittgrößen entwickelt man jetzt die Biegemomente gemäß Vorzeichendefinition nach Bild 1.1 (Statik-Vorzeichen):

positiv: Bezugsfaser wird gezogen
negativ: Bezugsfaser wird gedrückt

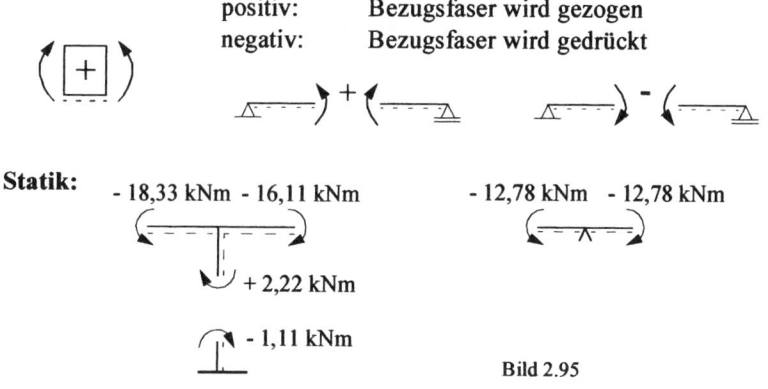

Statik:

Bild 2.95

Mit den ermittelten Momenten wird nun die M-Linie dargestellt (Bild 2.96).

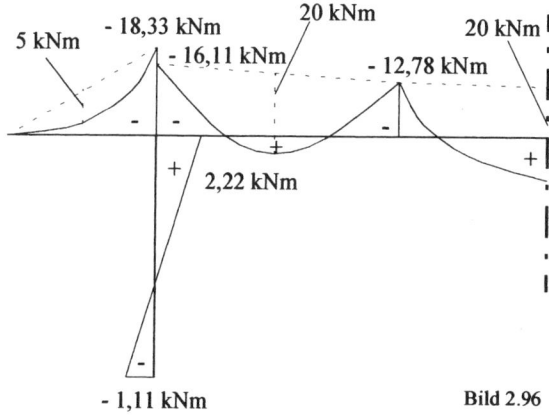

Bild 2.96

2.3 Aufgaben mit Lösungshinweisen und Ergebnissen

2.3.1 Rahmenartiges Tragwerk mit gemischter Belastung

Gesucht sind Momenten- und Querkraftverlauf am dargestellten Tragwerk.

Statisches System und Belastung:

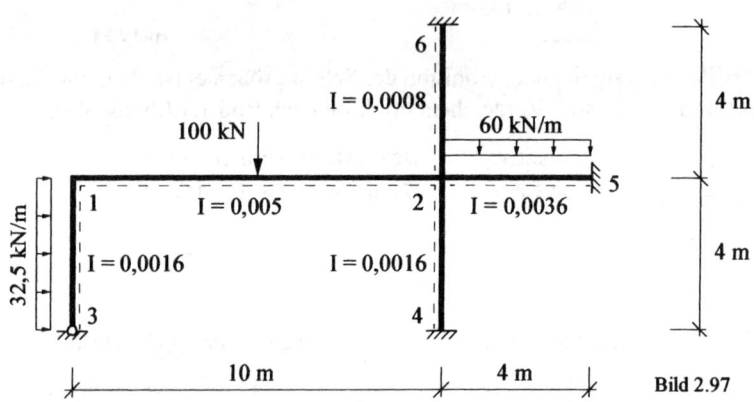

Bild 2.97

Kontrollgrößen:

Momente: $M_{1,u} = M_{1,r} = -90{,}73$ kNm
             $M_{2,l} = -129{,}83$ kNm, $M_{2,r} = -109{,}89$ kNm,
             $M_{2,o} = 6{,}65$ kNm, $M_{2,u} = -13{,}25$ kNm
             $M_4 = 6{,}65$ kNm
             $M_5 = -65{,}05$ kNm
             $M_6 = -3{,}33$ kNm

Querkräfte: $V_{1,u} = -87{,}68$ kN, $V_{1,r} = 46{,}09$ kN
             $V_{2,l} = -53{,}91$ kN, $V_{2,u} = 4{,}98$ kN,
             $V_{2,0} = 2{,}50$ kN, $V_{2,r} = 131{,}21$ kN
             $V_3 = 42{,}32$ kN
             $V_{4,o} = 4{,}98$ kN
             $V_{5,l} = -108{,}79$ kN
             $V_{6,u} = 2{,}50$ kN

2.3.2 Doppelrahmen mit gemischter Belastung

Gesucht ist der Momentenverlauf am dargestellten Tragwerk.

Statisches System und Belastung:

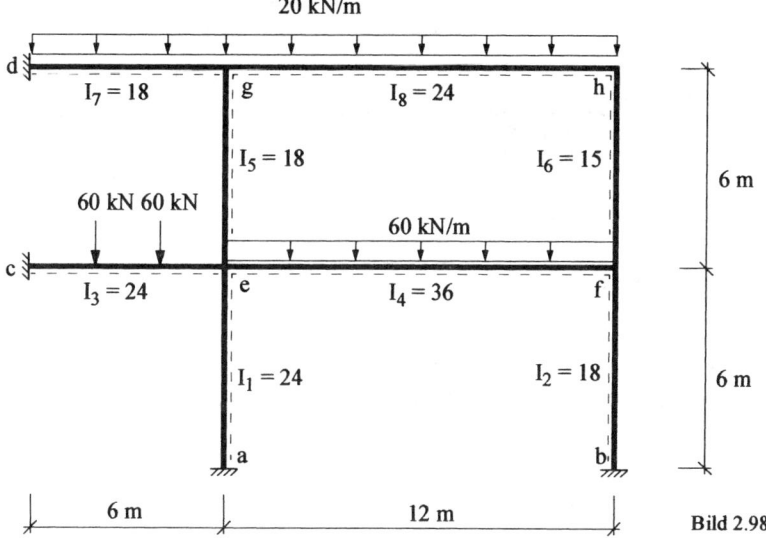

Bild 2.98

Kontrollgrößen: Momente (kNm)

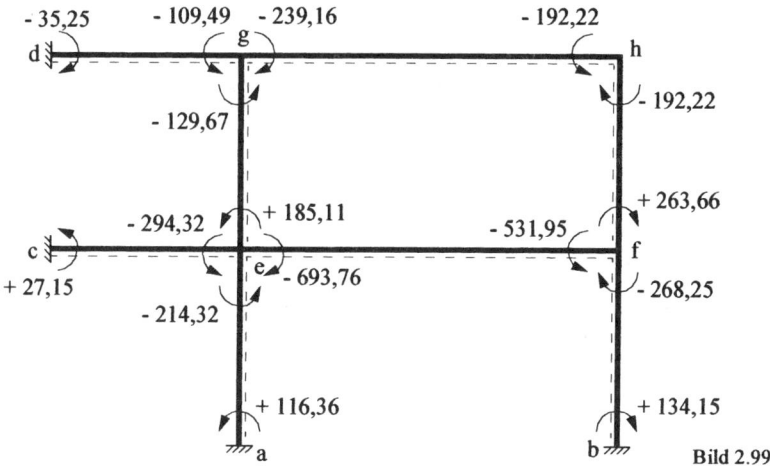

Bild 2.99

2.3.3 Fünffeldträger mit gemischter Belastung

Gesucht sind Auflagerkräfte und Momentenverlauf am dargestellten Träger.

Statisches System und Belastung:

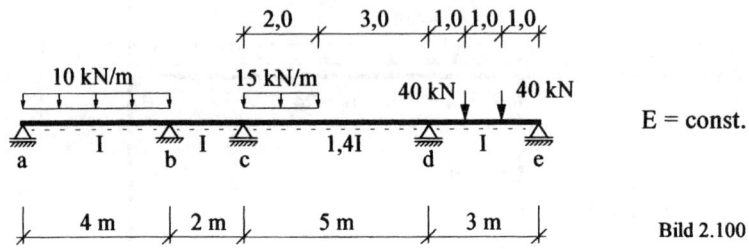

Bild 2.100

Kontrollgrößen:

$A = 16,75$ kN, $B = 28,80$ kN, $C = 13,79$ kN,
$D = 59,08$ kN, $E = 31,59$ kN,
$M_b = -13,01$ kNm, $M_c = -1,92$ kNm, $M_d = -25,24$ kNm

2.3.4 Dreifeldträger mit einfeldriger Belastung

Gesucht sind Auflagerkräfte und Momentenverlauf am dargestellten Träger.

Statisches System und Belastung:

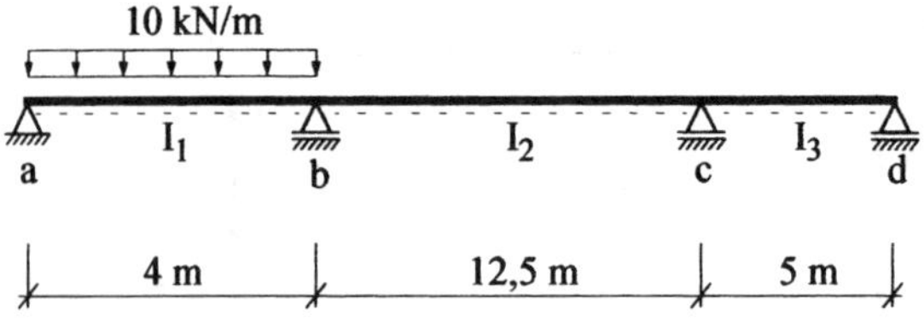

$E = $ const.
$I_1 = 0,0018$ m^4
$I_2 = 0,0025$ m^4
$I_3 = 0,0015$ m^4

Bild 2.101

Kontrollgrößen:

$A = 34,88$ kN, $B = 49,38$ kN, $C = -6,71$ kN, $D = 2,45$ kN,
$M_b = -40,96$ kNm, $M_c = 12,30$ kNm

2.3.5 Fünffeldträger mit gemischter Belastung

Gesucht ist der Momentenverlauf am dargestellten Träger.

Statisches System und Belastung:

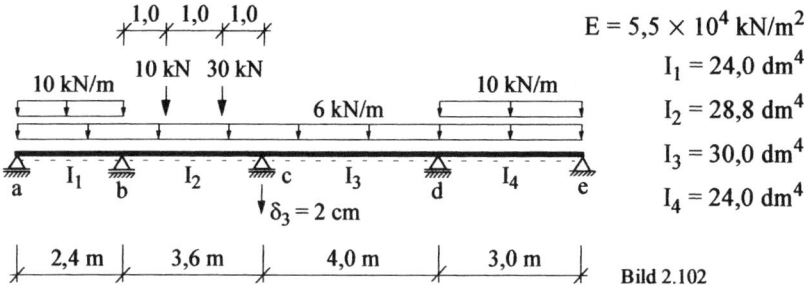

$E = 5,5 \times 10^4$ kN/m^2

$I_1 = 24,0$ dm^4

$I_2 = 28,8$ dm^4

$I_3 = 30,0$ dm^4

$I_4 = 24,0$ dm^4

Bild 2.102

Kontrollgrößen:

$M_b = -300,34$ kNm, $M_c = 386,64$ kNm, $M_d = -257,85$ kNm

2.3.6 Rahmenartiges Tragwerk mit Stützensenkung

Gesucht ist der Momentenverlauf am dargestellten Tragwerk.

Statisches System und Belastung:

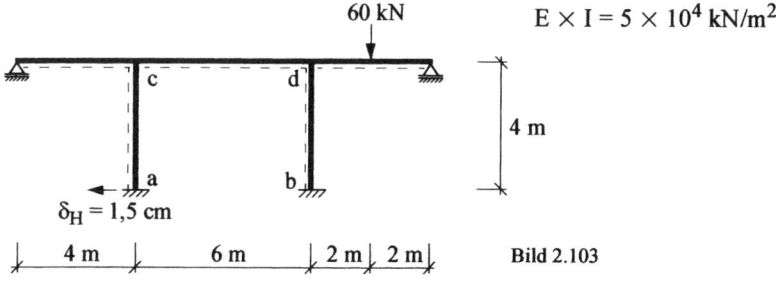

$E \times I = 5 \times 10^4$ kN/m^2

Bild 2.103

Kontrollgrößen:

$M_a = 223,21$ kNm, $M_b = -1,31$ kNm,

$M_{c,r} = 78,27$ kNm, $M_{c,l} = -86,92$ kNm, $M_{c,u} = -165,17$ kNm,

$M_{d,r} = -43,04$ kNm, $M_{d,l} = -40,44$ kNm, $M_{d,u} = 2,61$ kNm

2.3.7 Rahmenartiges Tragwerk mit Gleichlast

Gesucht ist der Momentenverlauf am dargestellten Träger.

Statisches System und Belastung:

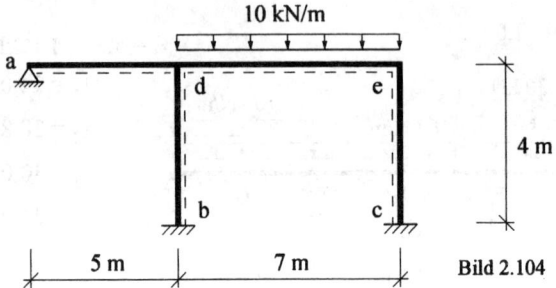

Bild 2.104

Kontrollgrößen:

M_b = - 11,40 kNm, M_c = 15,60 kNm, M_e = - 30,10 kNm

$M_{d,u}$ = 22,29 kNm, $M_{d,l}$ = - 13,65 kNm, $M_{d,r}$ = - 36,45 kNm

2.3.8 Geknickter Zweifeldträger mit gemischter Belastung

Gesucht ist der Momentenverlauf am dargestellten Träger.

Statisches System und Belastung:

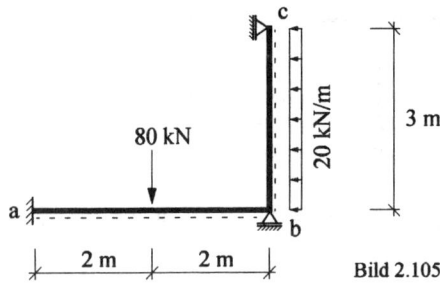

Bild 2.105

Kontrollgrößen:

M_a = - 55,60 kNm, M_b = -8,75 kNm

2.3.9 Rahmenartiges Tragwerk mit Gleichlast

Gesucht ist der Momentenverlauf in Abhängigkeit von q am dargestellten Träger.

Statisches System und Belastung:

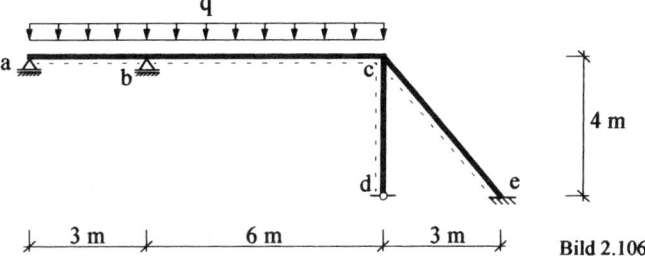

Bild 2.106

Kontrollgrößen:

$M_b = -2,57 \times q$, $M_e = 0,63 \times q$
$M_{c,u} = -1,18 \times q$, $M_{c,l} = -2,44 \times q$, $M_{c,r} = -1,26 \times q$

2.3.10 Rahmenartiges Tragwerk mit gemischter Belastung

Gesucht ist der M-Verlauf in Abhängigkeit von q am dargestellten Träger.

Anmerkungen: $I_1 = \sqrt{2}\,I$, $I_2 = I_5 = I$, $I_3 = 2\,I$, $I_4 = 2\,I$

Statisches System und Belastung:

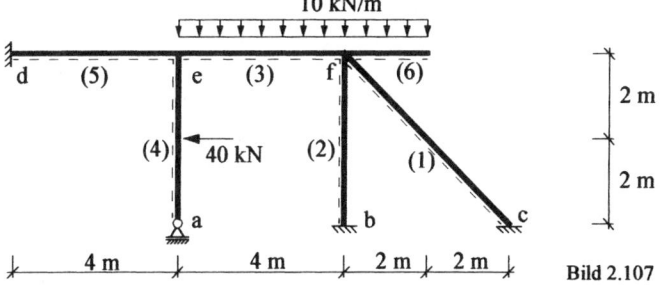

Bild 2.107

Kontrollgrößen:

$M_b = 0,56$ kNm, $M_c = 0,56$ kNm, $M_d = 4,10$ kNm
$M_{e,u} = -17,71$ kNm, $M_{e,l} = -8,19$ kNm, $M_{e,r} = 9,51$ kNm
$M_{f,u} = -1,12$ kNm, $M_{f,l} = -22,23$ kNm, $M_{f,r} = -20,00$ kNm,
$M_{f,schräg} = -1,12$ kNm

3 Statisch bestimmte Fachwerke

3.1 Allgemeines

Fachwerke sind Tragsysteme, bei denen alle Tragelemente (Fachwerkstäbe) nur auf Zug oder auf Druck beansprucht werden. Damit dies gewährleistet ist, müssen drei Voraussetzungen erfüllt sein:

1. Die äußeren Kräfte werden nur über die Knoten ins Tragwerk eingeleitet.
2. Die Stabachsen müssen gerade sein.
3. Die Stäbe sind in den Knoten gelenkig zusammenzuschließen.

Bei einem Schnitt durch den Stab erhält man nur eine Normalkraft, keine Querkraft und kein Biegemoment. Die Normalkraft ist positiv (+), wenn der Stab gezogen wird, bzw. negativ (-), wenn er gedrückt wird.
Zur Errechnung von drei unbekannten Auflagerkräften können die drei Gleichgewichtsbedingungen benutzt werden. Treten mehr oder weniger als drei Unbekannte auf, ist das Fachwerk nicht mehr statisch bestimmt, sondern statisch unbestimmt bzw. überbestimmt.
Jeder Knotenpunkt wird durch die in ihm angreifenden äußeren Kräfte und durch die Stabkräfte der in ihm angeschlossenen Stäbe beansprucht. Der Knotenpunkt in sich stellt ein ebenes zentrales Kraftsystem dar, dessen Kräfte miteinander im Gleichgewicht stehen müssen. Dieses Gleichgewicht ist vorhanden, wenn die Resultierende gleich Null ist oder wenn $\Sigma H = 0$ und $\Sigma V = 0$ sind. Es lassen sich für jeden Fachwerkknoten zwei Gleichgewichtsbedingungen aufstellen.

Jedes **statisch bestimmte Fachwerk** hat eine zugehörige Anzahl von Stäben.
Für statisch bestimmte Fachwerke gilt: $\quad s = 2 \times g - 3$
Bei **statisch unbestimmten Fachwerken** (siehe Kapitel 4) wird der Grad der statischen Unbestimmtheit „n" wie folgt ermittelt: $n = a + s - (3 \times g)$
Es bedeuten: $\quad$ s - Anzahl der Stäbe; g - Anzahl der Gelenke (Knoten)
$\quad\quad\quad\quad\quad$ a - Anzahl der Auflagerkräfte

Es werden hier ausschließlich statisch bestimmte Fachwerke betrachtet.

Beispiel für statisch bestimmtes Fachwerk:

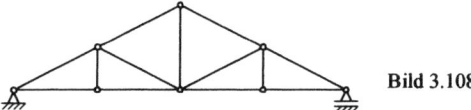

Bild 3.108

Grad der statischen Unbestimmtheit: $n = a + s - (2 \times g) = 3 + 13 - (2 \times 8) = \underline{\underline{0}}$

Stäbe eines Fachwerkes, die unter einer vorgegebenen Belastung nicht belastet werden, bezeichnet man als Nullstäbe:

1. Greift an einem 2-stäbigen Knoten keine äußere Last oder Stützkraft an, so sind die beiden Stäbe Nullstäbe (Bild 3.109).

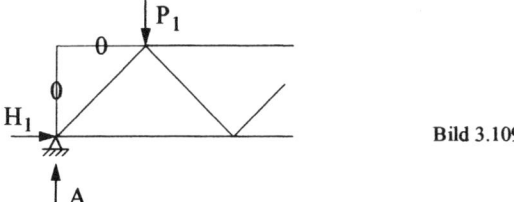

Bild 3.109

2. Greift an einem 2-stäbigen Knoten eine äußere Last in Richtung des einen Stabes an, so ist die gesamte Kraft durch diesen Stab aufzunehmen, während der andere Stab ein Nullstab ist (Bild 3.110).

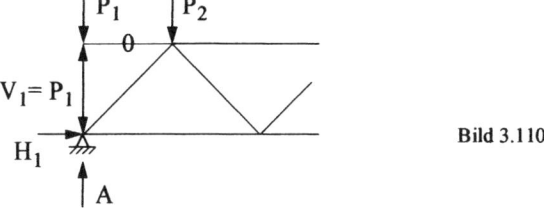

Bild 3.110

3. Greift an einem 3-stäbigen Knoten, in dem 2 Stäbe in einer Geraden liegen, keine äußere Last an, so sind die Stabkräfte in den beiden gleichgerichteten Stäben gleich groß, während der 3. Stab ein Nullstab ist (Bild 3.111).

Bild 3.111

Bei den nachfolgenden Aufgaben werden die Stabkräfte rechnerisch mit Hilfe des Ritterschnittverfahrens sowie des Rundschnittverfahrens ermittelt.

Ritterschnittverfahren:

Der Ritter'sche Schnitt (Bild 3.112) gestattet die Bestimmung von Stabkräften mitten aus dem Fachwerk heraus. Dabei wird das Tragwerk in zwei Teile zerschnitten, die beide für sich im Gleichgewicht sein müssen. Die gewählten Schnitte sind bei Ausnutzung der Gleichgewichtsbedingungen so zu führen, dass nicht mehr als drei Stäbe mit unbekannter Stabkraft geschnitten werden.

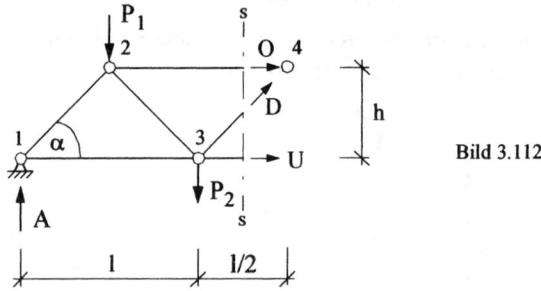

Bild 3.112

Die Stabkräfte können nun mit folgenden Gleichungen ermittelt werden:

$\Sigma M_3 = 0 \dots$ $A \times l - P_1 \times l/2 + O \times h = 0$

$\Sigma M_4 = 0 \dots$ $A \times (1,5 \times l) - P_1 \times l - P_2 \times l/2 - U \times h = 0$

$\Sigma V = 0 \dots$ $A - P_1 - P_2 + D \times \sin \alpha = 0$

Rundschnittverfahren:

Beim Rundschnittverfahren (Bild 3.113) werden einzelne Knoten aus dem Fachwerk herausgelöst und unter Berücksichtigung der äußeren Belastung am Knoten die Stabkräfte der angeschlossenen Stäbe bestimmt. Hierbei stehen nur die beiden Gleichgewichtsbedingungen $\Sigma H = 0$ und $\Sigma V = 0$ zur Verfügung:

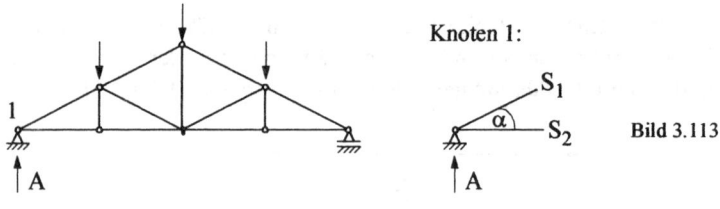

Knoten 1:

Bild 3.113

$\Sigma V = 0 \dots$ $A - S_1 \times \sin \alpha = 0$

$\Sigma V = 0 \dots$ $S_2 - S_1 \times \cos \alpha = 0$

3.2 Ausführlich erläuterte Aufgaben

3.2.1 Symmetrisches Stahlfachwerk

Für das skizzierte Stahlfachwerk (E = 21000 kN/cm^2) ist die gegenseitige Verschiebung der Knotenpunkte c und d zu bestimmen.

Querschnittsflächen:　　　Ober- und Untergurtstäbe　　　A = 7,8 cm^2

　　　　　　　　　　　　　Füllstäbe　　　　　　　　　　　A = 6,2 cm^2

Statisches System und Belastung:

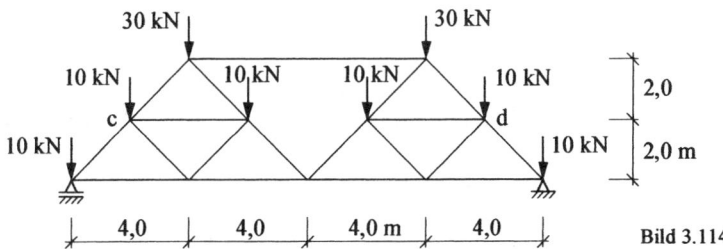

Bild 3.114

Lösung:

1. Auflagerkräfte:　　A = B = (10 + 10 +10 +10 +10 +10 +30 +30) / 2 = 60 kN

2. Stabkräfte infolge tatsächlicher Belastung:

Zunächst werden den Fachwerkknoten und den Stäben Bezeichnungen zugewiesen. Es wird dabei nur die linke Tragwerksseite betrachtet, da das System symmetrisch ist. Die Bezeichnung der Stäbe und Knoten wurde wie folgt festgelegt (Bild 3.115):

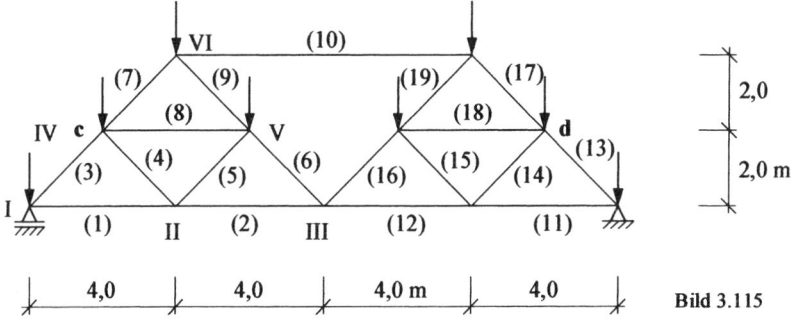

Bild 3.115

Die Stabkraft des Stabes (10) wird mit dem Ritterschnitt-Verfahren ermittelt:

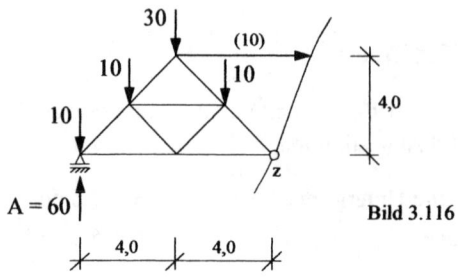

Bild 3.116

$$\Sigma M_z = 0 \ldots 60 \times 8 - 10 \times 8 - 30 \times 4 - 10 \times 2 + S_{(10)} \times 4 = 0$$
$$S_{(10)} = -50 \text{ kN}$$

Mit dem Rundschnitt-Verfahren an den einzelnen Knoten (Bild 3.117) werden nun die weiteren Stabkräfte ermittelt. Im Abschnitt 3.1 ist die Vorgehensweise dieses Verfahrens erläutert, nachfolgend sind die am Knoten anschließenden Stäbe sowie die wirkenden Kräfte dargestellt.

Knoten VI: Knoten I:

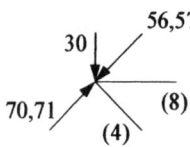

$S_7 = -56,57 \text{ kN}$
$S_9 = +14,14 \text{ kN}$

$S_3 = -70,71 \text{ kN}$
$S_1 = +50,00 \text{ kN}$

Knoten IV: Knoten V:

$S_8 = -10,00 \text{ kN}$
$S_4 = 0$

$S_5 = 0$
$S_6 = 0$

Knoten II: Knoten III:

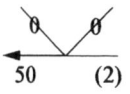

$S_2 = +50,00 \text{ kN}$

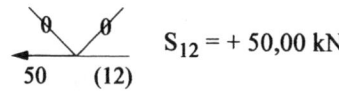

$S_{12} = +50,00 \text{ kN}$

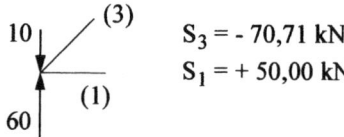

Bild 3.117

3. Stabkräfte infolge der virtuellen Belastung zur Ermittlung der gegenseitigen Verschiebung der Knotenpunkte c und d:

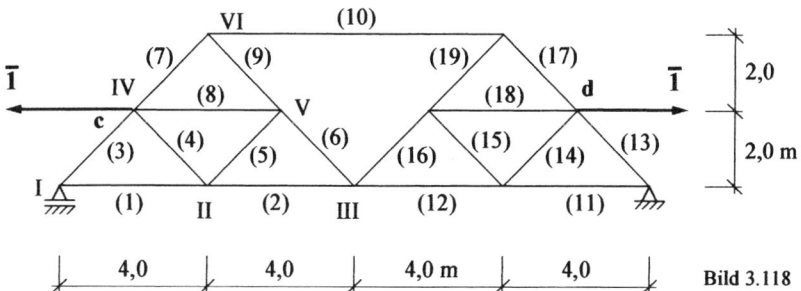

Bild 3.118

Infolge der angetragenen Belastung entstehen keine Auflagerkräfte.
Die Stabkraft des Stabes (10) wird mit dem Ritterschnitt-Verfahren ermittelt:

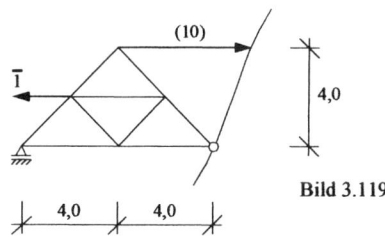

Bild 3.119

$$\Sigma M_z = 0 \dots S_{(10)} \times 4 - 1 \times 2 = 0 \ \dots \ S_{(10)} = -50 \text{ kN}$$

Mit dem Rundschnitt-Verfahren an den einzelnen Knoten werden nun die weiteren Stabkräfte ermittelt (Bild 3.120).

<u>Knoten VI:</u>

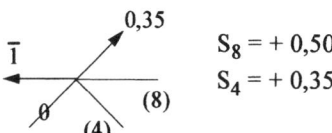

$S_7 = + 0,35$
$S_9 = - 0.35$

<u>Knoten I:</u>

Beide angeschlossenen Stäbe sind „Nullstäbe", da der Knoten unbelastet ist.
$S_3 = 0; \quad S_1 = 0$

<u>Knoten IV:</u>

$S_8 = + 0,50$
$S_4 = + 0,35$

<u>Knoten V:</u>

$S_5 = + 0,350$
$S_6 = 0$

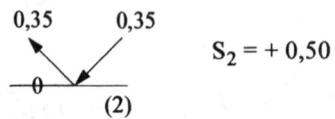

Knoten II:

$S_2 = + 0,50$

(2)

Knoten III:

$S_{12} = + 0,50$

0,50   (12)

Bild 3.120

4. *Tabellarische Darstellung der Stabkräfte und Geometriewerte sowie Ermittlung der gegenseitigen Verschiebung*

In der nachfolgenden Tabelle sind die Stabkräfte aufgrund der tatsächlichen und der virtuellen Belastung zusammengefaßt. In der letzten Spalte wird die gegenseitige Verschiebung berechnet.

Stab-Nr.	S_0 in kN	S_1	l in cm	A in cm^2	$(S_0 \times S_1 \times l) / (E \times A)$
1	+ 50,00	0	400	7,8	0
2	+ 50,00	+ 0,50	400	7,8	+ 0,062
3	- 70,71	0	283	6,2	0
4	0	+ 0,35	283	6,2	0
5	0	- 0,35	283	6,2	0
6	0	0	283	6,2	0
7	- 56,57	+ 0,35	283	6,2	- 0,043
8	- 10,00	+ 0,50	400	6,2	- 0,015
9	+ 14,14	- 0,35	283	6,2	- 0,011
10	- 50,00	+ 0,50	800	7,8	- 0,012
11	+ 50,00	0	400	7,8	0
12	+ 50,00	+ 0,50	400	7,8	+ 0,061
13	- 70,71	0	283	6,2	0
14	0	+ 0,35	283	6,2	0
15	0	- 0,35	283	6,2	0
16	0	0	283	6,2	0
17	- 56,57	+ 0,35	283	6,2	- 0,043
18	- 10,00	+ 0,50	400	6,2	- 0,011
19	+ 14,14	- 0,35	283	6,2	- 0,011
				Verschiebung:	- 0,134 cm = - 1,34 mm

Tabelle 3.5

3.2.2 Ständerfachwerk mit horizontaler Belastung

Für das skizzierte Fachwerk ist die gegenseitige Verschiebung der Knotenpunkte a und d zu ermitteln.

Statisches System und Belastung:

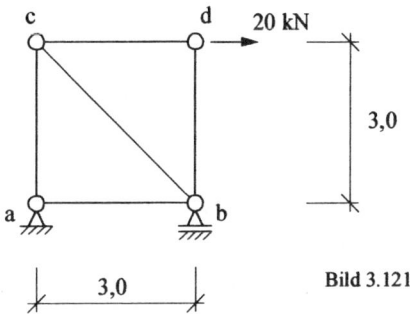

Bild 3.121

Lösung:

In der nachstehenden Skizze sind die einzelnen Stäbe bezeichnet.

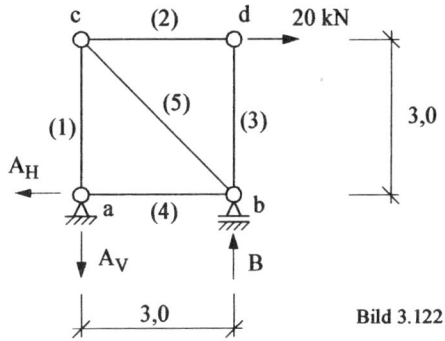

Bild 3.122

Auflagerkräfte: $\Sigma H = 0$ ... $A_H = 20 \text{ kN}$;

$\Sigma M_b = 0$ ... $A_V \times 3,0 - 20 \times 3,0 = 0$ ⟶ $A_V = 20 \text{ kN}$;

$\Sigma V = 0$ ... $A_V - B = 0$ ⟶ $B = 20 \text{ kN}$

Die Stabkräfte werden mit dem „Rundschnittverfahren" an jedem einzelnen Knoten ermittelt. Im Abschnitt 3.1 ist die Vorgehensweise dieses Verfahrens erläutert, nachfolgend sind die am Knoten anschließenden Stäbe sowie die wirkenden Kräfte dargestellt.

1. Stabkräfte infolge gegebener Belastung

<u>Knoten a:</u>   <u>Knoten c:</u>

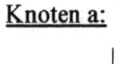 $S_1 = + 20 \text{ kN}$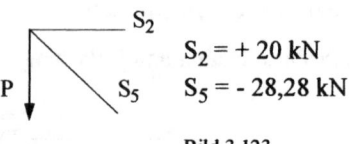
                          $S_4 = + 20 \text{ kN}$ $S_2 = + 20 \text{ kN}$
                                                       $S_5 = - 28{,}28 \text{ kN}$

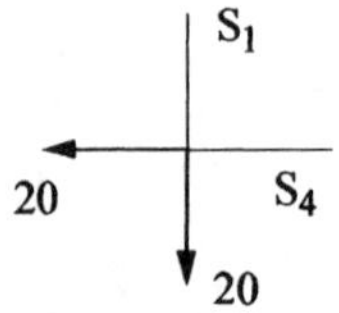

Bild 3.123

<u>Knoten d:</u>   Stab S_3 ist ein Nullstab, da die angreifende Kraft von 20 kN in Richtung des Stabes S_2 wirkt und von diesem aufgenommen wird.

2. Gegenseitige Verschiebung der Knotenpunkte a und d

Um die gegenseitige Verschiebung der Punkte a und d zu ermitteln, werden in der Verbindungslinie beider Punkte virtuelle Lasten der Größe „1" angesetzt.

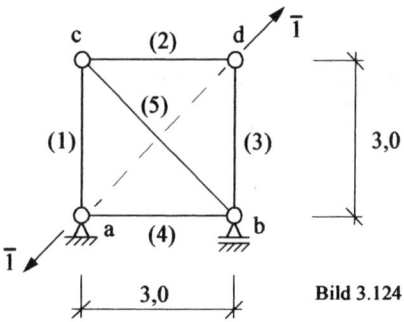

Bild 3.124

Infolge der angetragenen Belastung entstehen keine Auflagerkräfte.

<u>Knoten a:</u>   <u>Knoten d:</u>

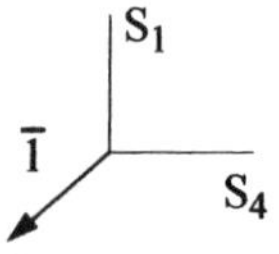

$S_1 = + 0{,}71$ $S_2 = + 0{,}71$
$S_4 = + 0{,}71$ $S_3 = + 0{,}71$

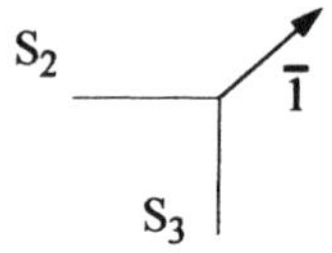

<u>Knoten c:</u>

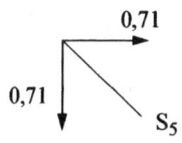 $S_5 = - 1{,}0$

Bild 3.125

In der nachfolgenden Tabelle sind die Stabkräfte aufgrund der tatsächlichen und der virtuellen Belastung zusammengefaßt. In der letzten Spalte wird die gegenseitige Verschiebung berechnet.

Stab - Nr.	S_0 in kN	S_1	l in m	$(S_0 \times S_1 \times l) / (E \times A)$
1	+ 20	+ 0,71	3,0	42,6
2	+ 20	+ 0,71	3,0	42,6
3	0	+ 0,71	3,0	0
4	+ 20	+ 0,71	3,0	42,6
5	- 28,28	- 1,0	4,24	119,91
				247,71 / (E × A)

Tabelle 3.6

Die gegenseitige Verschiebung der Punkte a und d beträgt 247,71 / (E × A).

3.2.3 Trapezfachwerk mit vertikaler Belastung

Für das skizzierte Fachwerk ist die gegenseitige Verschiebung der Knotenpunkte a und d zu ermitteln.

Statisches System und Belastung:

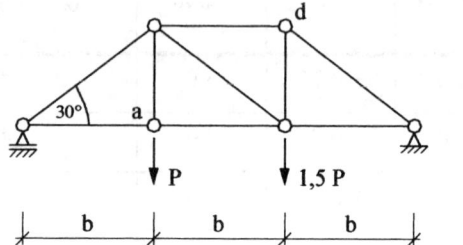

Bild 3.126

Lösung:

Im Folgenden wird die Einteilung der Stäbe und Knoten vorgenommen.

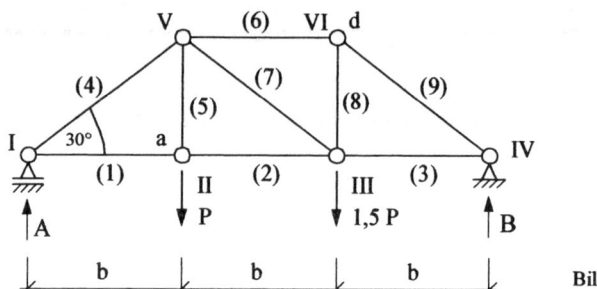

Bild 3.127

Auflagerkräfte: $A = (P \times (2 \times b) + 1,5 \times P \times b) / (3 \times b)$
                   $= 1,167 \times P;$
                   $B = (P \times b) + 1,5 \times P \times (2 \times b) / (3 \times b)$
                   $= 1,33 \times P$

Die Stabkräfte werden mit dem „Rundschnittverfahren" an jedem einzelnen Knoten ermittelt. Im Abschnitt 3.1 ist die Vorgehensweise dieses Verfahrens erläutert, nachfolgend sind die am Knoten anschließenden Stäbe sowie die wirkenden Kräfte dargestellt.

1. Stabkräfte infolge gegebener Belastung

Knoten I:

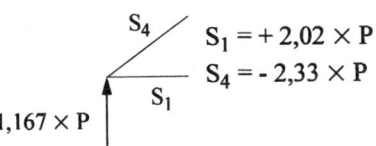

$S_1 = + 2,02 \times P$

$S_4 = - 2,33 \times P$

Knoten II:

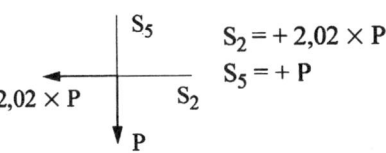

$S_2 = + 2,02 \times P$

$S_5 = + P$

Knoten V:

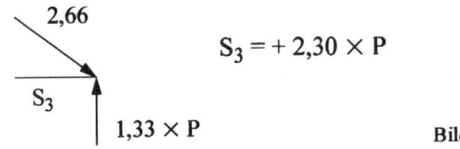

$S_6 = - 2,30 \times P$

$S_7 = + 0,33 \times P$

Knoten VI:

$S_8 = + 1,33 \times P$

$S_9 = - 2,66 \times P$

Knoten IV:

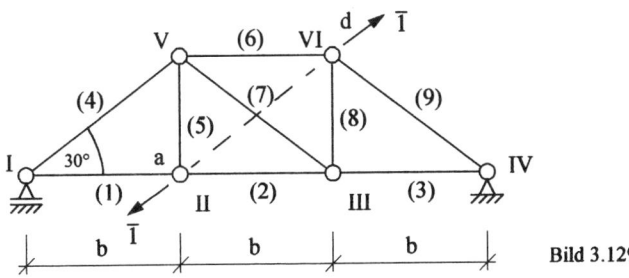

$S_3 = + 2,30 \times P$

Bild 3.128

2. Gegenseitige Verschiebung der Knotenpunkte a und d

Um die gegenseitige Verschiebung der Punkte a und d zu ermitteln, werden in der Verbindungslinie beider Punkte virtuelle Lasten der Größe „1" angesetzt (Bild 3.129).

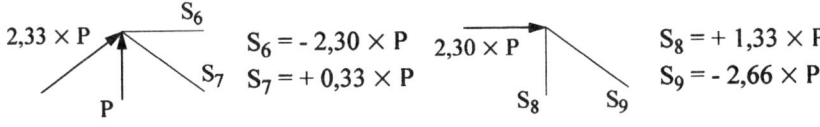

Bild 3.129

Infolge der angetragenen Belastung entstehen keine Auflagerkräfte. Damit sind die Stäbe 1, 4, 3 und 9 „Nullstäbe".

Knoten VI: Knoten II:

$S_6 = + 0,87$

$S_8 = + 0,50$

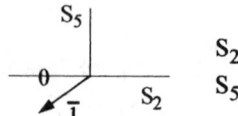

$S_2 = + 0,87$

$S_5 = + 0,50$

Knoten V:

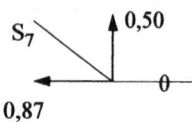

$S_7 = - 1,00$

Bild 3.130

In der nachfolgenden Tabelle sind die Stabkräfte aufgrund der tatsächlichen und der virtuellen Belastung zusammengefaßt. In der letzten Spalte wird die gegenseitige Verschiebung berechnet.

Stab - Nr.	S_0 in kN	S_1	l	$(S_0 \times S_1 \times l) / (E \times A)$
2	$+2,02 \times P$	$+0,87$	b	$1,76 \times P \times b$
5	$+P$	$+0,50$	$0,557 \times b$	$0,28 \times P \times b$
6	$-2,30 \times P$	$+0,87$	b	$-2,00 \times P \times b$
7	$+0,33 \times P$	$-1,00$	$1,15 \times b$	$-0,38 \times P \times b$
8	$+1,33 \times P$	$+0,50$	$0,557 \times b$	$0,37 \times P \times b$
				$-0,03 \times P \times b / (E \times A)$

Tabelle 3.7

Die Verschiebung der Punkte a und d beträgt: $- 0,03 \times P \times b / (E \times A)$.

3.2.4 Parallelgurtiges Strebenfachwerk mit Kragarm

Die Vertikalverschiebung des Gelenkes g ist zu bestimmen!

Statisches System und Belastung:

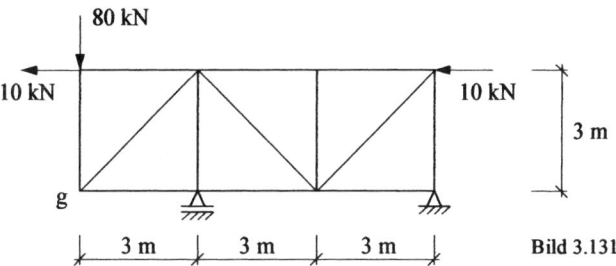

Bild 3.131

Lösung:

Im Folgenden wird die Einteilung der Stäbe und Knoten vorgenommen.

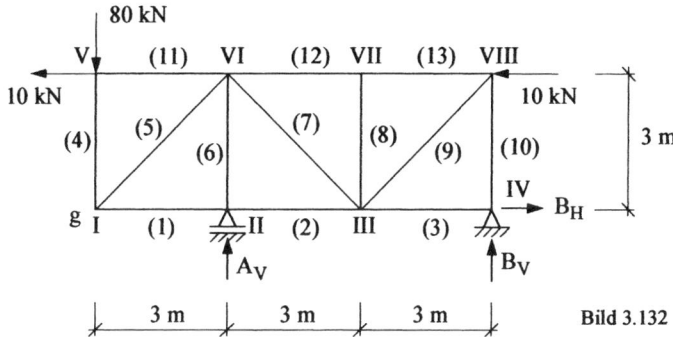

Bild 3.132

Auflagerkräfte: $\Sigma H = 0$ ... $B_H = 10 + 10 = 20$ kN;

$\Sigma M_B = 0$ ... $A_V \times 6{,}0 - 80 \times 9{,}0 - 10 \times 3{,}0 - 10 \times 3{,}0 = 0$

$A_V = 130$ kN;

$\Sigma V = 0$ ... $A_V + B_V - 80 = 0$

$B_V = -50$ kN

Die Stabkräfte werden mit dem „Rundschnittverfahren" an jedem einzelnen Knoten ermittelt (Bild 3.133). Im Abschnitt 3.1 ist die Vorgehensweise dieses Verfahrens erläutert, nachfolgend sind die am Knoten anschließenden Stäbe sowie die wirkenden Kräfte dargestellt.

1. Stabkräfte infolge gegebener Belastung:

<u>Knoten V:</u>   <u>Knoten I:</u>

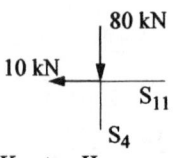
$S_4 = -80 \text{ kN}$
$S_{11} = +10 \text{ kN}$

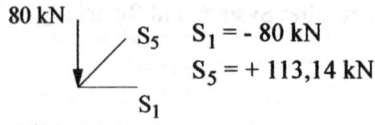
$S_1 = -80 \text{ kN}$
$S_5 = +113,14 \text{ kN}$

<u>Knoten II:</u>   <u>Knoten VI:</u>

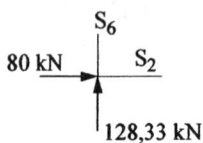
$S_6 = -130 \text{ kN}$
$S_2 = -80 \text{ kN}$

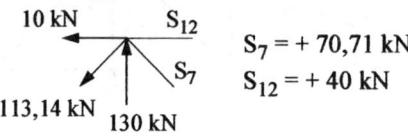
$S_7 = +70,71 \text{ kN}$
$S_{12} = +40 \text{ kN}$

<u>Knoten VII:</u>   <u>Knoten III:</u>

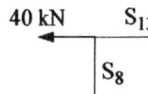
$S_8 = 0$
$S_{13} = +40 \text{ kN}$

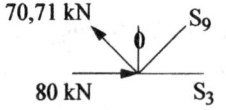
$S_3 = +20 \text{ kN}$
$S_9 = -70,71 \text{kN}$

<u>Knoten VIII:</u>

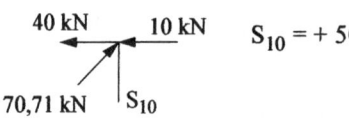
$S_{10} = +50$

Bild 3.133

2. Stabkräfte infolge virtueller Belastung:

Um die Vertikalverschiebung des Punktes g zu ermitteln, wird in diesem Punkt eine virtuelle Last der Größe „1" angesetzt (Bild 3.134).

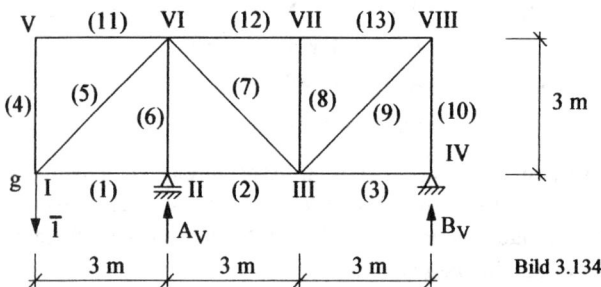

Bild 3.134

Auflagerkräfte: $\Sigma\,M_B = 0$ ... $A_V \times 6{,}0 - 1 \times 9{,}0 = 0$
$$A_V = 1{,}5;$$
$$\Sigma\,V = 0 \;...\;\; A_V + B_V - 1 = 0$$
$$B_V = -\,0{,}5$$

Knoten V: **Knoten I:**

Da der Knoten unbelastet ist, sind die
angeschlossenen Stäbe „Nullstäbe"
$S_4 = -\,80\ \text{kN}$, $S_{11} = +\,10\ \text{kN}$

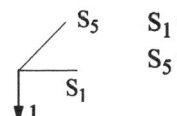

$S_1 = -\,1{,}00$
$S_5 = +\,1{,}41$

Knoten II: **Knoten VI:**

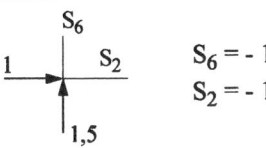

$S_6 = -\,1{,}50$
$S_2 = -\,1{,}00$

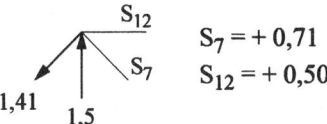

$S_7 = +\,0{,}71$
$S_{12} = +\,0{,}50$

Knoten VII: **Knoten III:**

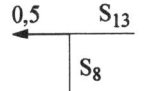

$S_8 = 0$
$S_{13} = +\,0{,}50$

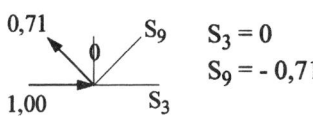

$S_3 = 0$
$S_9 = -\,0{,}71$

Knoten VIII:

0,50

0,71 S_{10}

$S_{10} = +\,0{,}50$

Bild 3.135

In der nachfolgenden Tabelle sind die Stabkräfte aufgrund der tatsächlichen und der virtuellen Belastung zusammengefaßt. In der letzten Spalte wird die gegenseitige Verschiebung berechnet.

3. Vertikalverschiebung des Gelenkes g:

Stab - Nr.	S_0 in kN	S_1	l in m	$(S_0 \times S_1 \times l) / (E \times A)$
1	- 80	- 1,00	3,00	240
2	- 80	- 1,00	3,00	240
3	+ 20	0	3,00	0
4	- 80	0	3,00	0
5	+ 113,14	+ 1,41	4,24	676,40
6	- 130	- 1,50	3,00	585
7	+ 70,71	+ 0,71	4,24	212,87
8	0	0	3,00	0
9	- 70,71	- 0,71	4,24	212,87
10	+ 50	+ 0,50	3,00	75
11	+ 10	0	3,00	0
12	+ 40	+ 0,50	3,00	60
13	+ 40	+ 0,50	3,00	60
		Σ		2362,14

Tabelle 3.8

Die vertikale Verschiebung des Punktes g beträgt 2362,14 / $(E \times A)$.

3.2.5 Symmetrisches Fachwerk mit gemischter Belastung

Gesucht ist das Verhältnis H/P für den Fall der unverschieblichen Lagerung des Punktes 4!

Anmerkung: Alle Stäbe haben den gleichen Querschnitt.

Statisches System und Belastung:

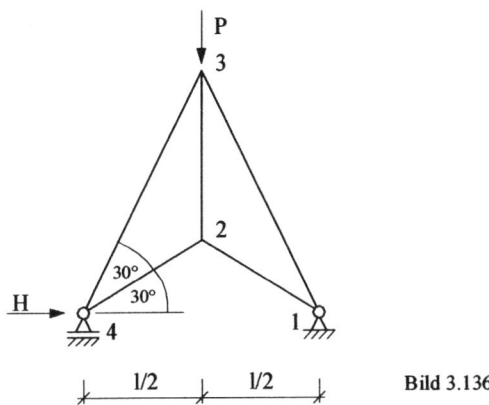

Bild 3.136

Lösung:

Infolge der Belastung P verschiebt sich das Lager 4. Es ist also die Größe der Kraft H gesucht, die dieser Verschiebung entgegenwirkt.

1. Stabkräfte infolge der Belastung P:

Das Fachwerk ist symmetrisch, deshalb wird bei der Stabkraftermittlung nur eine Tragwerksseite betrachtet.

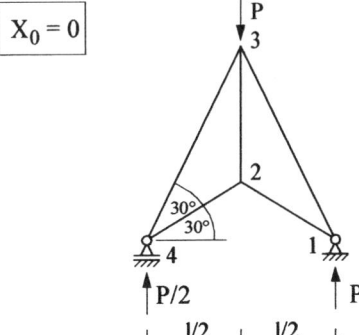

$$X_0 = 0$$

Auflagerkräfte:

Da die Belastung P in der Mitte des Fachwerkes angreift, ergeben sich die vertikalen Auflagerkräfte zu jeweils P/2.

Bild 3.137

Die Stabkräfte werden mit dem „Rundschnittverfahren" an jedem einzelnen Knoten ermittelt (Bild 3.138). Im Abschnitt 3.1 ist die Vorgehensweise dieses Verfahrens erläutert, nachfolgend sind die am Knoten anschließenden Stäbe sowie die wirkenden Kräfte dargestellt.

Knoten 4:   Knoten 2:

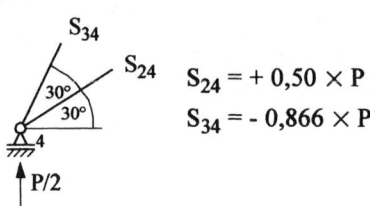

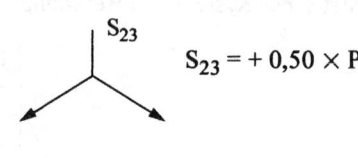

$S_{24} = + 0,50 \times P$ $S_{23} = + 0,50 \times P$

$S_{34} = - 0,866 \times P$

Bild 3.138

Stabkräfte: $S_{12} = + 0,50 \times P$, $S_{13} = - 0,866 \times P$, $S_{24} = + 0,50 \times P$

$S_{23} = + 0,50 \times P$, $S_{34} = - 0,866 \times P$

2. Stabkräfte infolge der Verschiebung am Knoten 4:

Um die Horizontalverschiebung des Knotens 4 zu ermitteln, wird in diesem Punkt eine virtuelle Last der Größe „1" angesetzt (Bild 3.139).

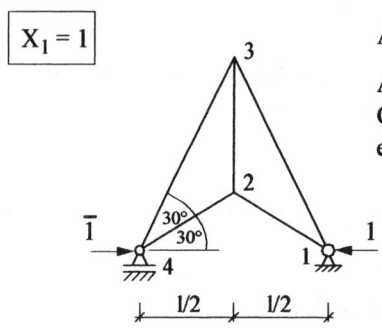

Auflagerkräfte:

Aufgrund der virtuellen Belastung der Größe „1", ergibt sich am festen Auflager eine horizontale Auflagerkraft der Größe 1.

Bild 3.139

Knoten 4:   Knoten 2:

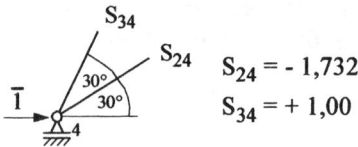
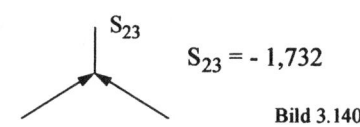

$S_{24} = - 1,732$ $S_{23} = - 1,732$

$S_{34} = + 1,00$

Bild 3.140

Stabkräfte: $S_{12} = - 1,732$, $S_{13} = + 1,00$ $S_{24} = - 1,732$

$S_{23} = - 1,732$, $S_{34} = + 1,00$

In der nachfolgenden Tabelle sind die Stabkräfte aufgrund der tatsächlichen und der virtuellen Belastung zusammengefaßt. In der letzten Spalte wird die gegenseitige Verschiebung berechnet.

Stab	S_0	S_1	l	$S_0 \times S_1 \times l$
S_{13}	$- 0,866 \times P$	$+ 1,00$	$1,00 \times l$	$- 0,866 \times P \times l$
S_{34}	$- 0,866 \times P$	$+ 1,00$	$1,00 \times l$	$- 0,866 \times P \times l$
S_{12}	$+ 0,50 \times P$	$- 1,732$	$0,577 \times l$	$- 0,50 \times P \times l$
S_{24}	$+ 0,50 \times P$	$- 1,732$	$0,577 \times l$	$- 0,50 \times P \times l$
S_{23}	$+ 0,50 \times P$	$- 1,732$	$0,577 \times l$	$- 0,50 \times P \times l$
			Σ	$- 3,232 \times P \times l$

Tabelle 3.9

3. Stabkräfte infolge der Horizontalbelastung H:

Die Stabkräfte haben die gleiche Größe und Vorzeichen wie im Zustand $X_1 = 1$, sie werden lediglich mit dem Faktor H ergänzt. In der folgenden Tabelle sind die Stabkräfte infolge der Belastung H und der virtuellen Belastung dargestellt. In der letzten Spalte wird die gegenseitige Verschiebung berechnet.

Stab	S_0	S_1	l	$S_0 \times S_1 \times l$
S_{13}	$+ 1,00 \times H$	$+ 1,00$	$1,00 \times l$	$+ 1,00 \times H \times l$
S_{34}	$+ 1,00 \times H$	$+ 1,00$	$1,00 \times l$	$+ 1,00 \times H \times l$
S_{12}	$- 1,732 \times H$	$- 1,732$	$0,577 \times l$	$+ 1,732 \times H \times l$
S_{24}	$- 1,732 \times H$	$- 1,732$	$0,577 \times l$	$+ 1,732 \times H \times l$
S_{23}	$- 1,732 \times H$	$- 1,732$	$0,577 \times l$	$+ 1,732 \times H \times l$
			Σ	$+ 7,196 \times H \times l$

Tabelle 3.10

Damit das Lager 4 unverschieblich wird, müssen die resultierenden Verschiebungen infolge P und H betragsmäßig gleich groß sein:

$$- 3{,}232 \times P \times 1 = 7{,}196 \times H \times 1$$

$$\underline{\underline{P = -2{,}33 \times H}}$$

Somit beträgt das Verhältnis H/P = (1 / -2,33 × H) für den Fall der unverschieblichen Lagerung des Punktes 4.

3.3 Aufgaben mit Lösungshinweisen und Ergebnissen

3.3.1 Strebenfachwerk mit vertikaler Belastung

Gesucht sind die Stabkräfte des dargestellten Fachwerkträgers.

Statisches System und Belastung:

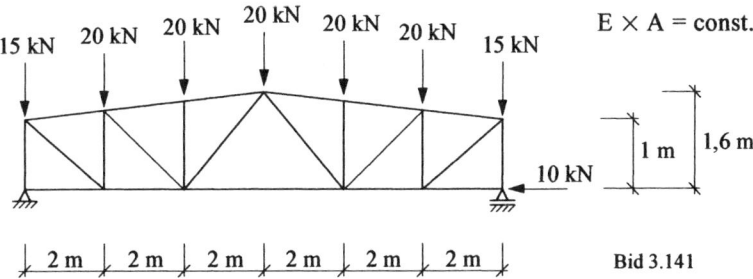

Bid 3.141

Kontrollgrößen:

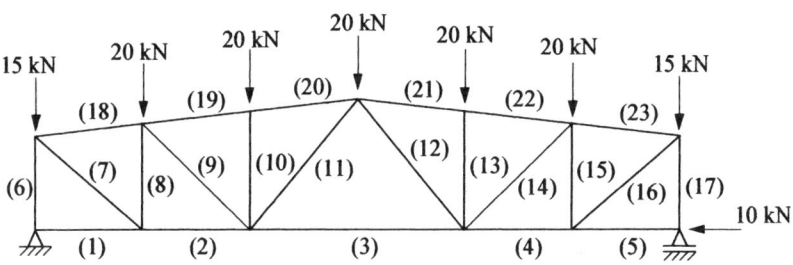

Bid 3.142

Stabkräfte:

$S_1 = -10,00$ kN, $S_2 = +73,33$ kN, $S_3 = +102,55$ kN,

$S_4 = +73,33$ kN, $S_5 = -10,00$ kN, $S_6 = -65,00$ kN,

$S_7 = +93,17$ kN, $S_8 = -41,67$ kN, $S_9 = +36,11$ kN,

$S_{10} = -20,00$ kN, $S_{11} = +2,29$ kN, $S_{12} = +2,29$ kN,

$S_{13} = -20,00$ kN, $S_{14} = +36,11$ kN, $S_{15} = -41,67$ kN,

$S_{16} = +93,17$ kN, $S_{17} = -65,00$ kN, $S_{18} = -83,75$ kN,

$S_{19} = -114,86$ kN, $S_{20} = -114,86$ kN, $S_{21} = -114,86$ kN,

$S_{22} = -114,86$ kN, $S_{23} = -83,75$ kN

3.3.2 Verschiebung am parallelgurtigen Fachwerk

Gesucht ist die lotrechte Verschiebung des Punktes m.

Statisches System und Belastung:

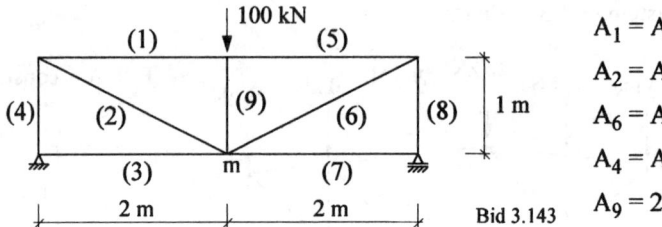

Bid 3.143

$A_1 = A_5 = 20 \text{ cm}^2$

$A_2 = A_3 = 10 \text{ cm}^2$

$A_6 = A_7 = 10 \text{ cm}^2$

$A_4 = A_8 = 15 \text{ cm}^2$

$A_9 = 20 \text{ cm}^2$

Lösung:

Die lotrechte Verschiebung des Punktes m beträgt 0,37 cm.

3.3.3 Überdachung mit vertikaler Belastung

Gesucht ist die Totalverschiebung des Punktes d.

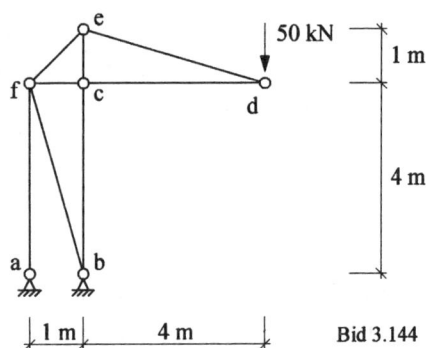

Bid 3.144

Lösung:

Die lotrechte Verschiebung des Punktes d beträgt 3,76 cm, die horizontale Verschiebung beträgt 0,59 cm.

Somit beträgt die Totalverschiebung 3,81 cm.

3.3.4 Brückenträger mit gemischter Belastung

Gesucht sind die Stabkräfte der gekennzeichneten Stäbe.

Statisches System und Belastung: 50 kN   E × A = const.

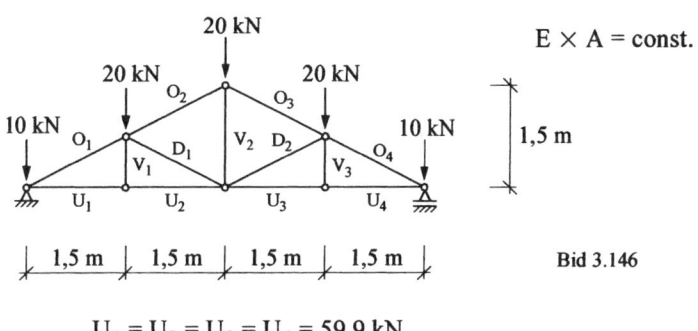

Bid 3.145

<u>Lösung:</u>

Stabkräfte: $S_1 = -25,34$ kN, $S_2 = 36,67$ kN, $S_3 = 46,65$ kN

3.3.5 Dreieckdachbinder mit vertikaler Belastung

Gesucht sind die Stabkräfte des dargestellten Fachwerkträgers.

<u>Lösung:</u>

$$U_1 = U_2 = U_3 = U_4 = 59,9 \text{ kN}$$
$$O_1 = O_4 = -67 \text{ kN}; \qquad O_2 = O_3 = -44,7 \text{ kN}$$
$$D_1 = D_2 = -22,3 \text{ kN}$$
$$V_1 = V_3 = 0; \qquad V_2 = -20 \text{ kN}$$

3.3.6 Fachwerkstütze mit gemischter Belastung

Gesucht sind die Stabkräfte des dargestellten Fachwerkträgers.

Statisches System und Belastung:

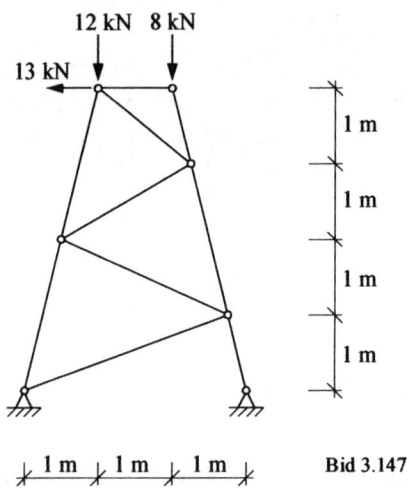

Bid 3.147

Kontrollwerte:

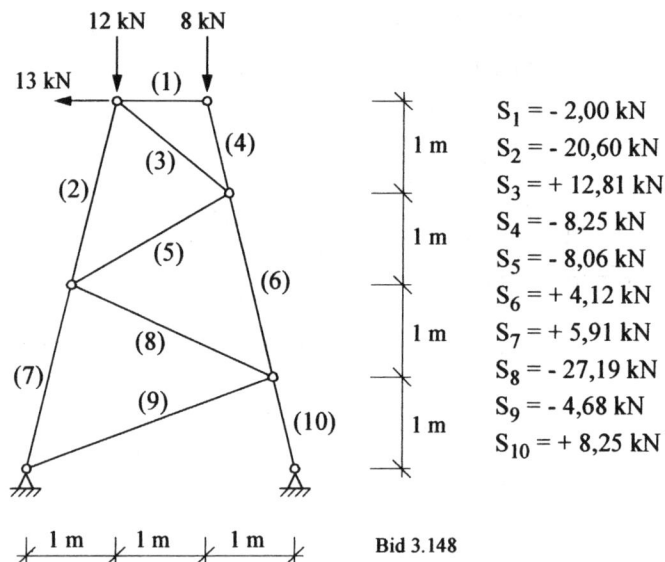

$S_1 = -2,00$ kN
$S_2 = -20,60$ kN
$S_3 = +12,81$ kN
$S_4 = -8,25$ kN
$S_5 = -8,06$ kN
$S_6 = +4,12$ kN
$S_7 = +5,91$ kN
$S_8 = -27,19$ kN
$S_9 = -4,68$ kN
$S_{10} = +8,25$ kN

Bid 3.148

3.3.7 Überdachung mit verschiedenen Belastungsarten

Für das dargestellte Fachwerk ist die Senkung der Spitze für folgende Lastfälle zu bestimmen:
a) infolge einer Last von 20 kN an der Spitze
b) infolge Erwärmung des Obergurtes um $t_s = 20$ K
c) infolge einer nach links gerichteten Verschiebung des Auflagers a um 1 cm

Anmerkungen: $\quad E = 21000 \text{ kN/m}^2, \quad \alpha_t = 12 \times 10^{-6} \text{ K}^{-1}$

$$A_1 = A_2 = 25 \text{ cm}^2, \quad A_3 = A_4 = 38 \text{ cm}^2,$$

$$A_5 = A_6 = 36 \text{ cm}^2, \quad A_7 = 15 \text{ cm}^2$$

Statisches System und Belastung:

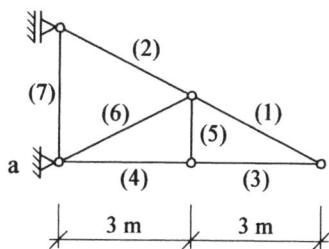 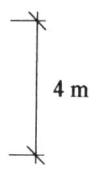

Bid 3.149

Kontrollwerte:

Virtuelle Belastung:

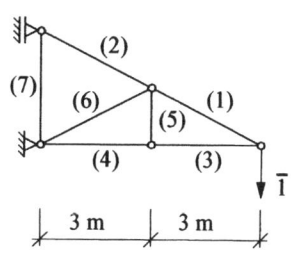 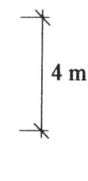

$S_1 = +1{,}80, \quad S_2 = +1{,}80$
$S_3 = -1{,}50, \quad S_4 = -1{,}50$
$S_5 = 0, \qquad S_6 = 0$
$S_7 = -1{,}00$

Bid 3.150

Senkung der Spitze:

a) infolge einer Last von 20 kN an der Spitze: $\quad \underline{\delta = 0{,}15 \text{ cm}}$

b) infolge Erwärmung des Obergurtes um $t_s = 20$ K: $\quad \underline{\delta = 0{,}31 \text{ cm}}$

c) infolge Auflagerverschiebung um 1 cm: $\quad \underline{\delta = 1{,}50 \text{ cm}}$

3.3.8 Verschiebung am parallelgurtigen Stahlbrückenträger

Die gegenseitige Verschiebung der Punkte p und r am Stahlfachwerk ist zu bestimmen.

Fachwerkstäbe: $A = 30 \text{ cm}^2$

Statisches System und Belastung:

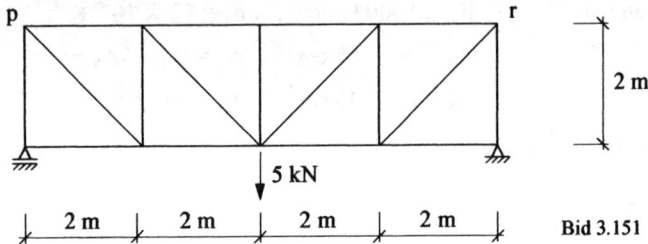

Bid 3.151

Kontrollwerte:

Virtuelle Belastung:

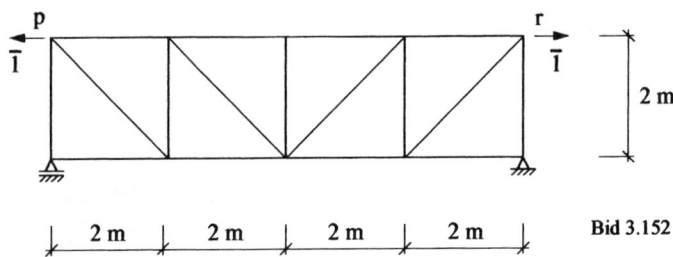

Bid 3.152

Die gegenseitige Verschiebung der Punkte p und r beträgt $\delta_{pr} = 4{,}76 \times 10^{-3}$ cm.

4 Statisch unbestimmte Fachwerke

4.1 Allgemeines

Bei statisch unbestimmten Fachwerken sind zur Berechnung der Überzähligen ebenfalls wie bei anderen statisch unbestimmten Systemen zusätzliche Gleichungen (Elastizitätsgleichungen) notwendig. Je nach Ursache der statischen Unbestimmtheit können als Überzählige äußere (Auflagerkräfte) oder innere Kräfte (Stabkräfte) eingeführt werden.
Dabei bildet man durch Entfernen von „n" Fesselungen oder Stäben aus einem n-fach statisch unbestimmten Fachwerk ein statisch bestimmtes Fachwerk (Hauptsystem), an dem alle Berechnungen erfolgen. In diesem System werden die Auflager und Stabkräfte getrennt für die äußere Belastung und für die statisch Überzähligen X_1, X_2 bis X_n ermittelt.

Der Grad der statischen Unbestimmtheit „n" wird wie folgt ermittelt:

n = a + s - (3 × g)

Es bedeuten: s - Anzahl der Stäbe; g - Anzahl der Gelenke (Knoten)
  a - Anzahl der Auflagerkräfte

Am statisch bestimmten Hauptsystem werden die Stabkräfte wie im Kapitel 3 „Statisch bestimmte Fachwerke" rechnerisch mit Hilfe des Ritterschnittverfahrens sowie des Rundschnittverfahrens ermittelt.
Die endgültigen Auflager- und Stabkräfte werden nach Auflösen der Elastizitätsgleichungen durch Überlagerung wie folgt ermittelt:

$$A = A_0 + X_1 \times A_1 + X_2 \times A_2 + ... + X_n \times A_n$$
$$S = S_0 + X_1 \times S_1 + X_2 \times S_2 + ... + X_n \times S_n$$

4.2 Ausführlich erläuterte Aufgaben

4.2.1 Ständerfachwerk mit horizontaler Belastung

Beim dargestellten Fachwerkträger (E = 70000 kN/cm^2) ist der Stab 2-4 im Knoten 2 lose befestigt. Der Stab 2-4 kann sich im Knoten 2 in Richtung des Knotens 4 um bis zu 0,25 mm verschieben.
Bestimmen Sie die Kraft H, bei der der Stab 2-4 beginnt, sich im Gesamtsystem an der Kraftübertragung zu beteiligen!
Mit welchen Stabkräften ist bei H = 10 kN zu rechnen?

Querschnittsflächen: für alle Stäbe gilt: A = 300 mm^2

Statisches System und Belastung:

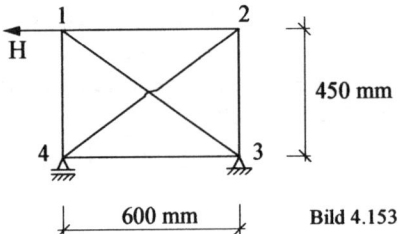

Bild 4.153

Lösung:

Grad der statischen Unbestimmtheit:

$$n = a + s - (2 \times g) = 3 + 6 - (2 \times 4) = \underline{\underline{1}}$$

Das Fachwerk ist 1-fach statisch unbestimmt, als Überzählige wird laut Aufgabenstellung zweckmäßigerweise der Stab 2-4 gewählt (Bild 4.154).

1. Stabkräfte infolge virtueller Belastung:

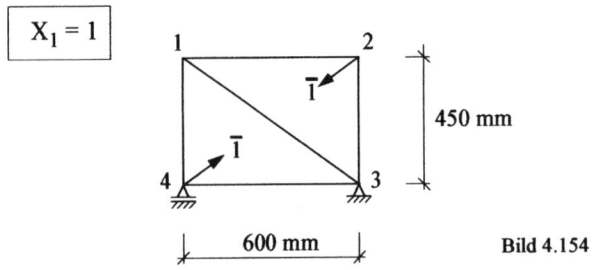

Bild 4.154

Aufgrund der dargestellten Belastung treten keine Auflagerkräfte auf.
Mit dem Rundschnitt-Verfahren an den einzelnen Knoten werden nun die weiteren Stabkräfte ermittelt (Bild 4.155):

Knoten 4:   Knoten 2:

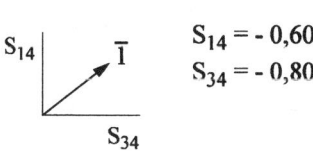

$S_{14} = -0,60$
$S_{34} = -0,80$

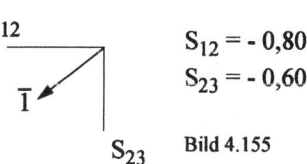

$S_{12} = -0,80$
$S_{23} = -0,60$

Bild 4.155

Die Stabkraft des Stabes 1-3 hat die gleiche Größe wie die angetragene virtuelle Belastung: $S_{13} = 1,00$.

2. Stabkräfte infolge der Horizontalkraft H:

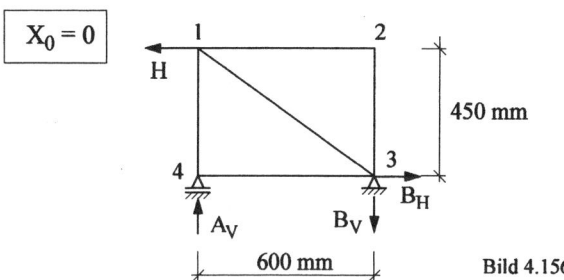

Bild 4.156

Auflagerkräfte:

$\Sigma M_b = 0 ... A_V \times 600 - H \times 450 = 0 ... A_V = 0,75 \times H$

$\Sigma V = 0 ... A_V - B_V = 0 ... B_V = 0,75 \times H$

$\Sigma H = 0 ... B_H - H = 0 ... B_H = 1,00 \times H$

Mit dem Rundschnitt-Verfahren an den einzelnen Knoten werden nun die weiteren Stabkräfte ermittelt (Bild 4.157):

Knoten 4:   Knoten 1:

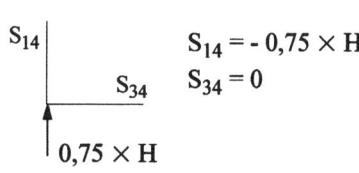

$S_{14} = -0,75 \times H$
$S_{34} = 0$

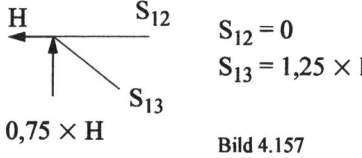

$S_{12} = 0$
$S_{13} = 1,25 \times H$

Bild 4.157

Knoten 2:

Beide am Knoten angeschlossenen Stäbe sind Nullstäbe, da sie unbelastet sind.

$$S_{12} = 0; \quad S_{23} = 0$$

3. *Tabellarische Darstellung der Stabkräfte und Geometriewerte sowie Ermittlung der Stabkraft H*

Stab - Nr.	S_0 in kN	S_1	l in mm	A in mm^2	$(S_0 \times S_1 \times l) / A$
12	0	- 0,80	600	300	0
23	0	- 0,60	450	300	0
34	0	- 0,80	683	300	0
14	- 0,75 × H	- 0,60	450	300	+ 0,675 × H
13	+1,25 × H	1,00	750	300	+ 3,125 × H
24	0	1,00	750	300	0
				Summe:	+ 3,80 × H

Tabelle 4.11

Nach Anwendung der Arbeitsgleichung für Fachwerkstäbe (nur Normalkräfte) ergibt sich:

$$1 \times \delta_{24} = \Sigma\,(S_0 \times S_1 \times l) / (E \times A)$$

$$1 \times \delta_{24} = (3,80 \times H) / 70000 \text{ kN/m}^2 = 5,43 \times 10^{-5} \times H$$

mit: $\delta_{24} = 0,25$ mm:

$$0,25 \text{ mm} = 5,43 \times H$$

$$H = 4605,26 \text{ N} = \underline{4,61 \text{ kN}}$$

Ab 4,61 kN für „H" beginnt der Stab 2-4 sich an der Kraftübertragung im Gesamtsystem zu beteiligen.

4. *Stabkräfte für H = 10 kN:*

Da für H = 10 kN die Stabkräfte im Zustand $X_0 = 0$ nur mit der Zahl „10" anstatt mit „H" multipliziert werden müssen, stehen sie sofort fest:

$$S_{12} = S_{23} = S_{34} = S_{24} = 0; \quad S_{14} = - 7,5 \text{ kN}; \quad S_{13} = + 12,5 \text{ kN}$$

5. Tabellarische Darstellung der Stabkräfte und Geometriewerte sowie Ermittlung der Stabkräfte unter der Belastung von H = 10 kN:

Stab Nr.	S_0 in kN	S_1	l in mm	A in mm^2	$(S_0 \times S_1 \times l)/A$	$(S_1^2 \times l)/A$	S in kN
12	0	- 0,80	600	300	0	1,28	+ 3,52
23	0	- 0,60	450	300	0	0,54	+ 2,64
34	0	- 0,80	683	300	0	1,28	+ 3,52
14	- 7,5	- 0,60	450	300	+ 6,75	0,54	- 4,86
13	+12,5	1,00	750	300	+ 31,25	2,50	+ 8,10
24	0	1,00	750	300	0	2,50	- 4,40
				Summe:	+ 38,00	+ 8,64	

Tabelle 4.12

$$X_1 = \frac{\Sigma\,((S_0 \times S_1 \times l)\,/\,A)}{\Sigma\,((S_1^2 \times l)\,/\,A)} = \frac{-38,00}{8,64} = -4,40$$

Die nach der Gleichung $S = S_0 + X_1 \times S_1$ errechneten Stabkräfte infolge der Horizontalkraft H sind in der letzten Spalte dargestellt.

4.2.2 Dachträger mit verschiedenen Lagerungsarten

Beim dargestellten Fachwerk sind zu bestimmen:
a) die Stabkräfte
b) die Stabkräfte für den Fall, Punkt b ist horizontal verschieblich gelagert
c) die horizontale Verschiebung des Lastangriffspunktes für beide Lagerungs-
    fälle

Anmerkung: $E \times A = 20000$ kN = const.

Statisches System und Belastung:

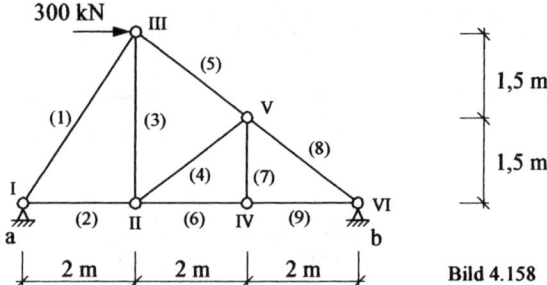

Bild 4.158

<u>Lösung:</u>

<u>Grad der statischen Unbestimmtheit:</u>

$$n = a + s - (2 \times g) = 4 + 9 - (2 \times 6) = \underline{\underline{1}}$$

Das System ist 1-fach statisch unbestimmt. Als Überzählige wird die Horizon-
talkomponente des Auflagers b gewählt (Bild 4.159).

1. Statisch bestimmtes Hauptsystem:

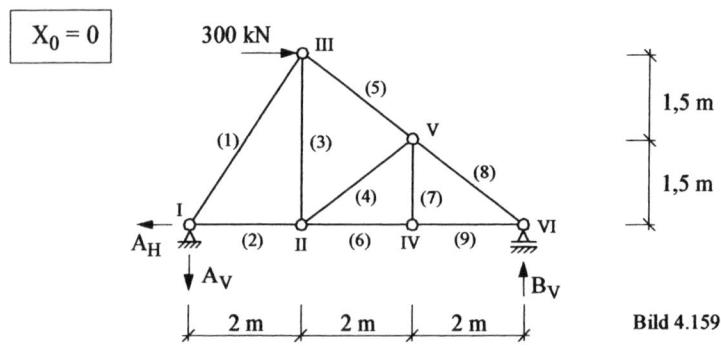

Bild 4.159

Auflagerkräfte:

$\Sigma M_a = 0 \dots \quad B_V \times 6 - 300 \times 3 = 0 \dots \quad B_V = 150 \text{ kN}$

$\Sigma V = 0 \dots \quad A_V - B_V = 0 \dots \quad A_V = 150 \text{ kN}$

$\Sigma H = 0 \dots \quad A_H - 300 = 0 \dots \quad A_H = 300 \text{ kN}$

Mit dem Rundschnitt-Verfahren an den einzelnen Knoten werden nun die weiteren Stabkräfte ermittelt (Bild 4.160):

Knoten VI: Knoten IV:

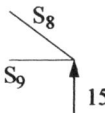

$S_8 = -250 \text{ kN}$
$S_9 = +200 \text{ kN}$

$S_6 = +200 \text{ kN}$
$S_7 = 0$

Knoten V: Knoten II:

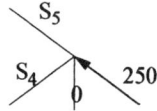

$S_4 = 0$
$S_5 = -250 \text{ kN}$

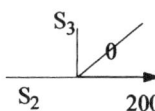

$S_2 = +200 \text{ kN}$
$S_3 = 0$

Knoten I:

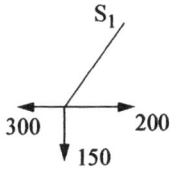

$S_1 = +180,28 \text{ kN}$

Bild 4.160

Lösung zu Teil b):
Stabkräfte für den Fall, Punkt b ist horizontal verschieblich gelagert

$S_1 = +180,28 \text{ kN};$ $S_2 = +200 \text{ kN};$ $S_3 = 0;$ $S_4 = 0;$

$S_5 = -250 \text{ kN};$ $S_6 = +200 \text{ kN};$ $S_7 = 0;$ $S_8 = -250 \text{ kN};$

$S_9 = +200 \text{ kN}$

4.2.2 Dachträger mit verschiedenen Lagerungsarten

2. *Virtuelle Belastung:*

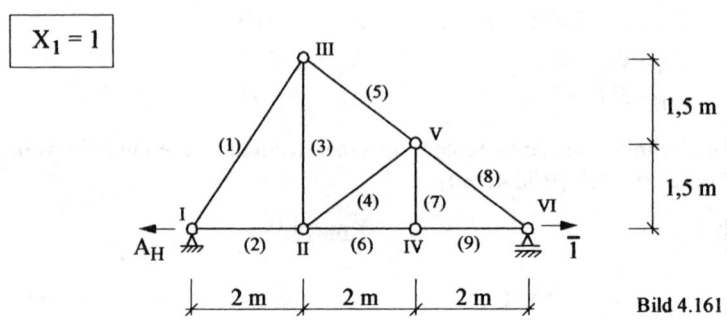

Bild 4.161

Auflagerkräfte:

$\Sigma H = 0 ...$ $A_H - 1 = 0 ...$ $A_H = 1$

Stabkräfte: Da die Stäbe alle in einer Wirkungslinie liegen, und die angreifende virtuelle Kraft eine Zugkraft der Größe „1" ist, beträgt die Stabkraft der Stäbe S_2, S_6 und S_9 ebenfalls „1". Alle anderen Stäbe sind Nullstäbe, da sie unbelastet sind.

Lösung zu Teil a): Stabkräfte

Stab	l in m	S_0	S_1	$S_0 \times S_1 \times 1$	$S_1^2 \times 1$	S in KN
1	3,61	+ 180,28	0	0	0	+ 180,28
2	2,00	+ 200	+ 1,0	400	2,0	0
3	3,00	0	0	0	0	0
4	2,50	0	0	0	0	0
5	2,50	- 250	0	0	0	- 250
6	2,00	+ 200	+ 1,0	400	2,0	0
7	1,50	0	0	0	0	0
8	2,50	- 250	0	0	0	- 250
9	2,00	+ 200	+ 1,0	400	2,0	0
			Σ	1200	6,0	

Tabelle 4.13

mit $X_1 = - E \times \delta_{10} /E \times \delta_{11} = - 1200 / 6 = \underline{\underline{- 200}}$

Die nach der Gleichung $S = S_0 + X_1 \times S_1$ errechneten Stabkräfte infolge der Horizontalkraft H sind in der letzten Spalte dargestellt.

3. Verschiebung des Lastangriffspunktes

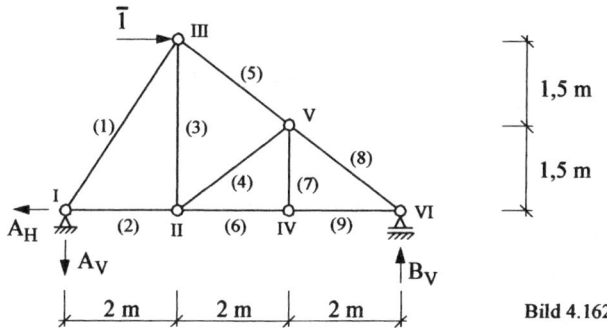

Bild 4.162

Auflagerkräfte:

$\Sigma M_a = 0 \dots \quad B_V \times 6 - 1 \times 3 = 0 \dots \quad B_V = 0{,}5$

$\Sigma V = 0 \dots \quad A_V - B_V = 0 \dots \quad A_V = 0{,}5$

$\Sigma H = 0 \dots \quad A_H - 1 = 0 \dots \quad A_H = 1{,}0$

Mit dem Rundschnitt-Verfahren an den einzelnen Knoten werden nun die weiteren Stabkräfte ermittelt (Bild 4.163):

Knoten VI: Knoten IV:

$S_8 = - 0{,}83$ $S_6 = + 0{,}67$
$S_9 = + 0{,}67$ $S_7 = 0$

Knoten V: Knoten II:

$S_4 = 0$ $S_2 = + 0{,}67$
$S_5 = - 0{,}83$ $S_3 = 0$

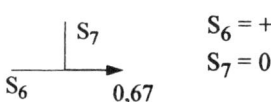

<u>Knoten I:</u>

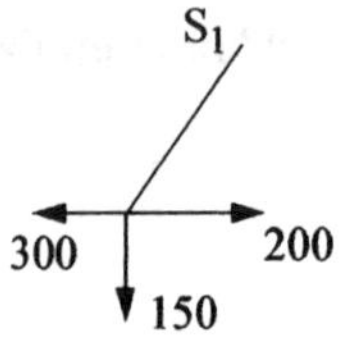

$S_1 = + 180,28$ kN

Bild 4.163

c) *(I) Horizontale Verschiebung des Lastangriffspunktes für den Fall, Punkt b ist horizontal verschieblich gelagert:*

Um die horizontale Verschiebung des Lastangriffspunktes bei horizontal verschieblicher Lagerung des Punktes b zu ermitteln, koppelt man die Stabkräfte am statisch bestimmten Hauptsystem (Zustand $X_0 = 0$) mit den Stabkräften, die sich aus der virtuellen Verschiebung des Lastangriffspunktes ergeben.

Stab	l in m	S_0	S_1	$S_0 \times S_1 \times l / (E \times A)$
1	3,61	+ 180,28	+ 0,60	0,0195
2	2,00	+ 200	+ 0,67	0,0134
3	3,00	0	0	0
4	2,50	0	0	0
5	2,50	- 250	- 0,83	0,0259
6	2,00	+ 200	+ 0,67	0,0134
7	1,50	0	0	0
8	2,50	- 250	- 0,83	0,0259
9	2,00	+ 200	+ 0,67	0,0134
			Σ	0,1115

Tabelle 4.14

Die horizontale Verschiebung des Lastangriffspunktes für den Fall, Punkt (2) ist horizontal verschieblich gelagert, beträgt 11,15 cm (Tabelle 4.14).

c) (II) Horizontale Verschiebung des Lastangriffspunktes für den Fall, Punkt b ist festes Auflager:

Um die horizontale Verschiebung des Lastangriffspunktes bei fester Lagerung des Punktes b zu ermitteln, koppelt man die errechneten Stabkräfte aus Aufgabenteil a) mit den Stabkräften, die sich aus der virtuellen Verschiebung des Lastangriffspunktes ergeben.

Stab	l in m	S_0	S_1	$S_0 \times S_1 \times l / (E \times A)$
1	3,61	+ 180,28	+ 0,60	0,0195
2	2,00	0	+ 0,67	0
3	3,00	0	0	0
4	2,50	0	0	0
5	2,50	- 250	- 0,83	0,0259
6	2,00	0	+ 0,67	0
7	1,50	0	0	0
8	2,50	- 250	- 0,83	0,0259
9	2,00	0	+ 0,67	0
			Σ	0,0713

Tabelle 4.15

Die horizontale Verschiebung des Lastangriffspunktes für den Fall, Punkt (2) ist ein festes Auflager, beträgt 7,13 cm (Tabelle 4.15).

4.2.3 Abgehangene Fachwerkkonstruktion

Berechnen Sie die Stabkräfte im Fachwerk!
Welche Erwärmung / Abkühlung muß im Stab CD auftreten, damit sich die
Spannungen im Stab BC halbieren?

Anmerkung: $E = 20000 \text{ kN/cm}^2$

$\alpha_T = 1,2 \times 10^{-5} \text{ K}^{-1}$

Stablängen: $\overline{AD} = \overline{BC} = \overline{DC} = 80 \text{ cm}$

Stabquerschnitte: $A_{AC} = A_{BD} = 25 \text{ mm}^2$

$A_{AD} = A_{BC} = A_{DC} = 15 \text{ mm}^2$

Statisches System und Belastung:

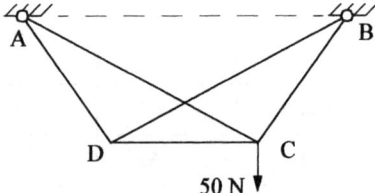

50 N   Bild 4.164

Lösung:

Grad der statischen Unbestimmtheit:

$$n = a + s - (2 \times g) = 4 + 9 - (2 \times 6) = \underline{\underline{1}}$$

Das Fachwerk ist 1-fach statisch unbestimmt.
Als Überzählige wird der Stab C-D gewählt.

1. Stabkräfte infolge virtueller Belastung:

$\boxed{X_1 = 1}$

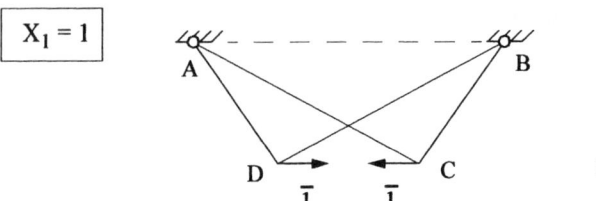

Bild 4.165

Aufgrund der virtuellen Belastung entstehen keine Auflagerkräfte. Mit dem
Rundschnitt-Verfahren an den einzelnen Knoten werden nun die weiteren Stabkräfte ermittelt (Bild 4.166).

Knoten D: Knoten C:

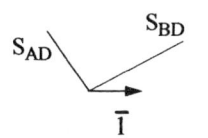

$S_{AD} = 0{,}50$
$S_{BD} = -0{,}866$

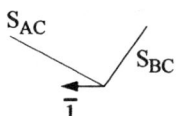

$S_{BC} = 0{,}50$
$S_{AC} = -0{,}866$

Bild 4.166

Stabkräfte: $S_{AD} = 0{,}50,$ $S_{BD} = -0{,}866,$ $S_{BC} = 0{,}50,$ $S_{AC} = -0{,}866,$
$S_{CD} = 1{,}0$

2. Stabkräfte infolge tatsächlicher Belastung:

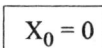

$X_0 = 0$

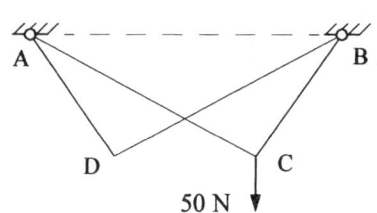

Bild 4.167

50 N

Knoten C: Knoten D:

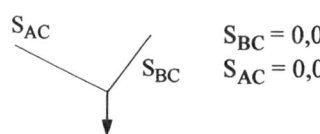

$S_{BC} = 0{,}043$
$S_{AC} = 0{,}025$

Da beide Stäbe unbelastet sind,
ergeben sich:
$S_{AD} = 0,$ $S_{BD} = 0$

0,05 kN   Bild 4.168

Mit dem Rundschnitt-Verfahren an den einzelnen Knoten werden nun die weiteren Stabkräfte ermittelt.

Stabkräfte: $S_{AD} = 0,$ $S_{BD} = 0,$ $S_{BC} = 0{,}043,$ $S_{AC} = 0{,}025$

3. Ermittlung der Stabkräfte:

Stab	S_0	S_1	l in cm	A in cm^2	$\frac{S_0 \times S_1 \times l}{A}$	$S_1^2 \times l/A$	S in KN
AD	0	0,50	80	0,15	0	133,33	0,0002
BC	0,043	0,50	80	0,15	11,47	133,33	0,0432
CD	0	1,00	80	0,15	0	533,33	0,0003
AC	0,025	- 0,866	138,56	0,25	- 12,00	415,66	0,0247
BD	0	- 0,866	138,56	0,25	0	415,66	- 0,0003
				Σ	- 0,53	1631,31	

Tabelle 4.16

$$X_1 = \frac{\Sigma ((S_0 \times S_1 \times l) / A)}{\Sigma ((S_1^2 \times l) / A)} = \frac{-(-0,53)}{1631,31} = 3,25 \times 10^{-4}$$

Die nach der Gleichung $S = S_0 + X_1 \times S_1$ errechneten Stabkräfte infolge der Horizontalkraft H sind in der letzten Spalte dargestellt.

4. Erwärmung / Abkühlung des Stabes C-D, damit sich die Spannungen im Stab B-C halbieren:

Spannung im Stab: $\delta = N / A$, da A = const. hängt die Spannung nur von der Normalkraft ab, es wird deshalb die Stabkraft des Stabes B-C halbiert:$S_{BC} /2 = 0,0216$ kN

Die beim Lastfall Temperatur zu erwartende Stabkraft muss der Stabkraft infolge der Einzellast von 50 N entgegenwirken und genau halb so groß sein.

$E \times \delta_{11} = 1631,31$

$E \times \delta_{10} = 1,2 \times 10^{-5} \times \Delta T \times 80/25 \times 20000 = 0,768 \times \Delta T$

mit BC = $BC_{(0)}$ + $BC_{(1)} \times X_1 = 0,0216$ ➝ $X_1 = - 0,129$

mit $X_1 = - E \times \delta_{10} / E \times \delta_{11}$ ➝ $- 0,129 = - 0,768 \times \Delta T / 1631,31$

➝ $\Delta T = 274,43$ K

Der Stab C-D muß um 274,42 K erwärmt werden, so dass sich im Stab B-C die Spannungen unter der gegebenen Belastung halbieren.

4.2.4 Fachwerkträger mit Diskontinuität

Bei der Montage des dargestellten Stahlfachwerkes war beabsichtigt, den Obergurtstab O_4 als letzten Stab einzubauen. Ein Nachmessen ergab, dass dieser Stab um 1 cm zu lang hergestellt war. Um den Obergurtstab O_4 trotzdem einbauen zu können, wurde erwogen, den Fachwerkträger in den Knotenpunkten 1 und 2 durch Auflasten P zu belasten.

Bestimmen Sie die Größe von P!

Anmerkung: Gurtstäbe: $A = 25\ cm^2$

Füllstäbe: $A = 15\ cm^2$

Statisches System und Belastung:

Montagezustand: Endzustand:

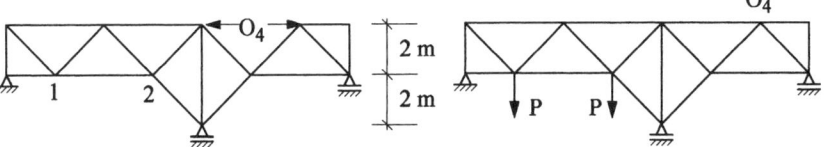

$\lfloor 2\,m \lfloor 2\,m \lfloor 2\,m \lfloor 2\,m \lfloor 2\,m \lfloor 2\,m \lfloor 2\,m \rfloor$

Bild 4.169

Lösung:

1. Montagezustand:

Grad der statischen Unbestimmtheit:

$$n = a + s - (2 \times g) = 4 + 18 - (2 \times 11) = \underline{\underline{0}}$$

Das System ist statisch bestimmt. Gesucht ist die indirekte Verschiebung an der Einbaustelle des fehlenden Stabes O_4.

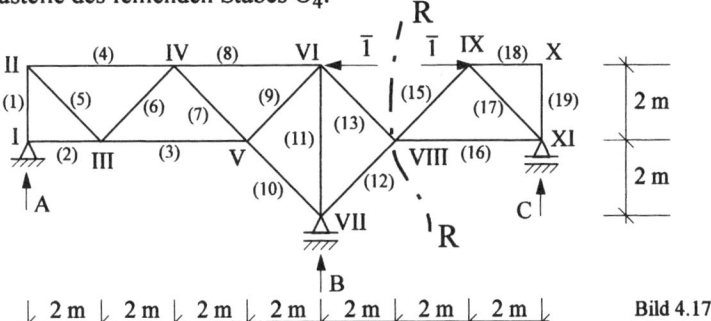

$\lfloor\ 2\,m\ \lfloor\ 2\,m\ \lfloor\ 2\,m\ \lfloor\ 2\,m\ \lfloor\ 2\,m\ \lfloor\ 2\,m\ \lfloor\ 2\,m\ \rfloor$

Bild 4.170

Mit Hilfe des „Ritterschnittes" (Schnitt R-R) werden die Auflagerkräfte ermittelt.

Auflagerkräfte:

$\Sigma M_{VIII} = 0 \dots$ $C \times 4 - 1 \times 2 = 0 \dots$ $C = 0,5$

$\Sigma M_{VII} = 0 \dots$ $A \times 8 - C \times 6 = 0 \dots$ $A = 0,375$

$\Sigma V = 0 \dots$ $A - C - B = 0 \dots$ $B = -0,875$

Mit dem Rundschnitt-Verfahren an den einzelnen Knoten werden nun die weiteren Stabkräfte ermittelt (Bild 4.171):

Knoten I:

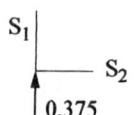

$S_1 = -0,375$
$S_2 = 0$

Knoten II:

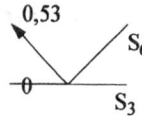

$S_4 = -0,375$
$S_5 = +0,53$

Knoten III:

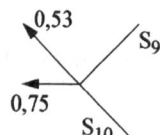

$S_3 = +0,75$
$S_6 = -0,53$

Knoten IV:

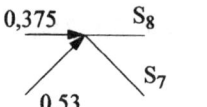

$S_7 = +0,53$
$S_8 = -1,13$

Knoten V:

$S_9 = +0,53$
$S_{10} = +1,06$

Knoten VI:

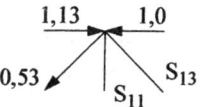

$S_{11} = -0,62$
$S_{13} = +0,35$

Knoten VII:

$S_{12} = +1,06$

Knoten VIII:

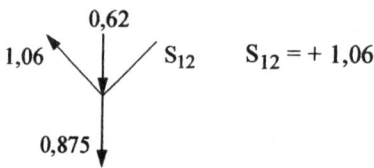

$S_{15} = +0,71$
$S_{16} = +0,50$

Knoten VII:

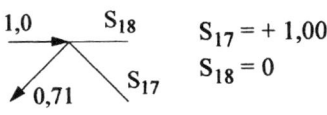

$S_{17} = + 1,00$
$S_{18} = 0$

Knoten VII:

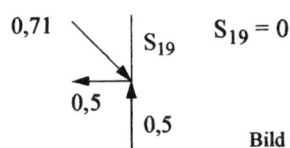

$S_{19} = 0$

Bild 4.171

2. Stabkräfte infolge P:

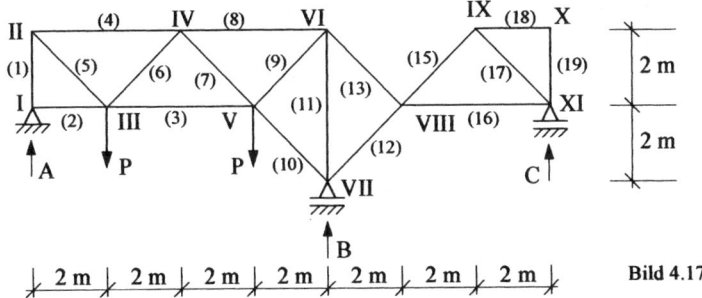

Bild 4.172

Der Tragwerksteil rechts des Lagers B fällt weg, da er unbelastet ist, d.h. die Stäbe 12 bis 19 sind Nullstäbe. Die Lasten P werden durch die Lager A und B aufgenommen, es ergeben sich die Auflagerkräfte A = P und B = P (C = 0).

Knoten I:

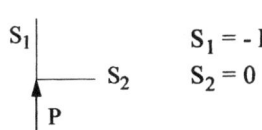

$S_1 = - P$
$S_2 = 0$

Knoten II:

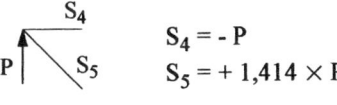

$S_4 = - P$
$S_5 = + 1,414 \times P$

Knoten III:

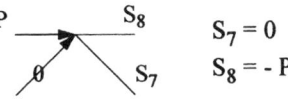

$S_3 = + P$
$S_6 = 0$

Knoten IV:

$S_7 = 0$
$S_8 = - P$

Knoten V:

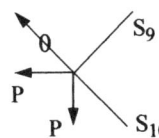

$S_9 = + 1,414 \times P$
$S_{10} = 0$

Knoten VII:

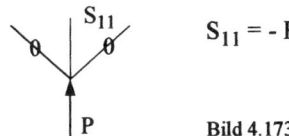

$S_{11} = - P$

Bild 4.173

4. Ermittlung der Größe der Auflasten P:

Da die Stabkräfte der Stäbe 12 bis 19 im Belastungszustand „0" sind, werden hier nur die Stäbe 1 bis 11 betrachtet.

Stab	S_0	S_1	l in cm	A in cm^2	$S_0 \times S_1 \times l / A$
1	- P	- 0,375	200	15	$5,0 \times P$
2	0	0	200	25	0
3	P	0,75	400	25	$12,0 \times P$
4	- P	- 0,375	400	25	$6,0 \times P$
5	$1,414 \times P$	0,53	282,84	15	$14,13 \times P$
6	0	- 0,53	282,84	15	0
7	0	0,53	282,84	15	0
8	- P	- 1,13	400	25	$18,08 \times P$
9	$1,414 \times P$	- 0,53	282,84	15	$14,13 \times P$
10	0	1,06	282,84	15	0
11	- P	- 0,62	400	15	$16,53 \times P$
				Σ	$85,87 \times P$

Tabelle 4.17

Mit der Arbeitsgleichung für Fachwerke ergibt sich:

$$1 \times \delta_{14} = \Sigma S_0 \times S_1 \times l / E \times A$$
$$1 \text{ cm} = 85,87 \times P / E = 85,87 \times P / 21000 = 4,09 \times 10^{-3} \times P$$
$$1 \text{ cm} = 4,09 \times 10^{-3} \times P$$

Daraus folgt: P = 244,56 kN

Um den Obergurtstab O_4 (S_{14}) trotzdem einbauen zu können, ist der Fachwerkträger in den Knotenpunkten 1 und 2 durch Auflasten P von jeweils 244,56 kN zu belasten.

4.3 Aufgaben mit Lösungshinweisen und Ergebnissen

4.3.1 Dachträger mit horizontaler und vertikaler Belastung

Gesucht ist die gegenseitige Verschiebung der Lager a und b des dargestellten Fachwerkes.

Anmerkung: Alle Stäbe haben den gleichen Querschnitt.

Statisches System und Belastung:

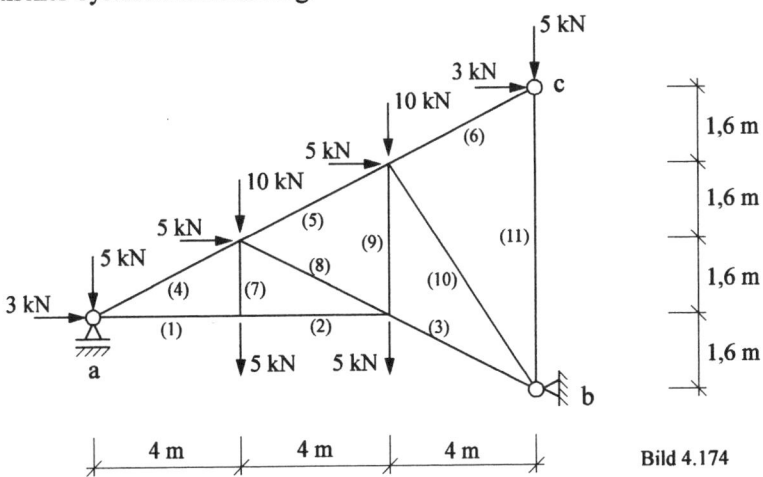

Bild 4.174

Kontrollgrößen:

Das System ist äußerlich 1-fach statisch unbestimmt. Als Überzählige wird die horizontale Auflagerkraft C angesetzt.

Stabkräfte aufgrund tatsächlicher Belastung:

$S_1 = 7{,}39$ kN; $S_2 = 7{,}39$ kN; $S_3 = -14{,}84$ kN; $S_4 = -11{,}19$ kN;

$S_5 = 6{,}31$ kN; $S_6 = 14{,}40$ kN; $S_7 = 5{,}00$ kN; $S_8 = -22{,}90$ kN;

$S_9 = 7{,}99$ kN; $S_{10} = -19{,}54$ kN; $S_{11} = -10{,}34$ kN;

Die gegenseitige Verschiebung der Lager a und b des dargestellten Fachwerks beträgt $71{,}85 / (E \times A)$.

4.3.2 Fachwerkträger mit Zugband

Beim dargestellten Tragwerk sind die Stabkräfte zu bestimmen.

Anmerkung: Alle Stäbe: $E \times A = 22 \times 10^4$ kN

Statisches System und Belastung:

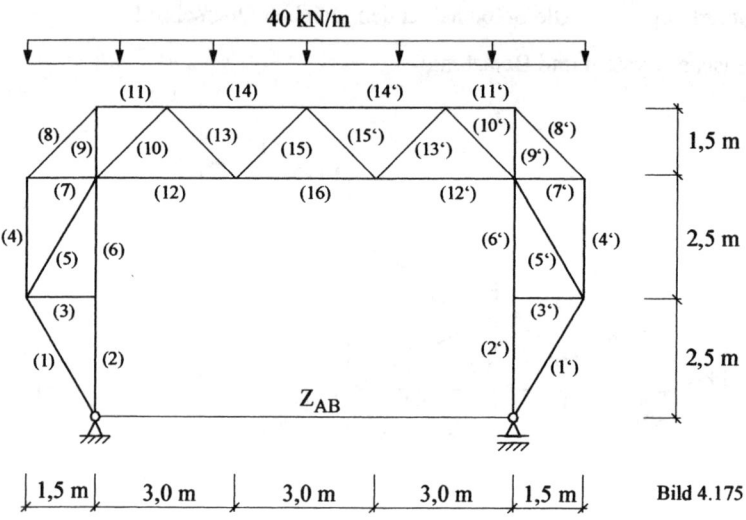

Bild 4.175

Kontrollgrößen:

Das Fachwerk ist 1-fach statisch unbestimmt, als Überzählige wird das Zugband Z_{AB} gewählt.

Stabkräfte:

$S_1 = S_{1'} = 11{,}97$ kN; $S_2 = S_{2'} = -250{,}30$ kN; $S_3 = S_{3'} = 0$;

$S_4 = S_{4'} = 20{,}55$ kN; $S_5 = S_{5'} = -11{,}97$ kN; $S_6 = S_{6'} = -250{,}30$ kN;

$S_7 = S_{7'} = -50{,}56$ kN; $S_8 = S_{8'} = 71{,}49$ kN; $S_9 = S_{9'} = -110{,}55$ kN;

$S_{10} = S_{10'} = -212{,}13$ kN; $S_{11} = S_{11'} = 50{,}56$ kN; $S_{12} = S_{12'} = 93{,}26$ kN;

$S_{13} = S_{13'} = 84{,}85$ kN; $S_{14} = S_{14'} = -159{,}44$ kN; $S_{15} = S_{15'} = -84{,}85$ kN;

$S_{16} = S_{16'} = 213{,}26$ kN;

Die Zugbandkraft beträgt 6,17 kN.

5 Gemischtsysteme

5.1 Allgemeines

Setzt sich ein Tragwerk aus Teilen zusammen, die für sich allein entweder ein Fachwerk oder ein Stabwerk bilden, so liegt ein gemischtes System vor. Weiterhin findet man in solchen Systemen Seile, die starre Scheiben unterspannen bzw. aufhängen. Bei der Ermittlung der Schnittgrößen wendet man wie bei reinen vollwandigen Tragwerken und reinen Fachwerken die drei Gleichgewichtsbedingungen sowie das Schnittprinzip an.

Bei statisch unbestimmten Systemen ist zunächst der Grad der statischen Unbestimmtheit zu ermitteln, da die drei Gleichgewichtsbedingungen allein nicht mehr ausreichen. Diese Bedingung lautet: $3 \times s = a + g$

Bedeutung: s - Anzahl der Stäbe / Scheiben;

a - Anzahl der Auflagerkräfte (Rollenlager, Pendelstütze: $a = 1$,
  Festlager, Auflagergelenk: $a = 2$, Starre Einspannung: $a = 3$);

g - Anzahl der Gelenkkräfte

Um den Grad der statischen Unbestimmtheit „n" zu ermitteln, setzt man:

$$n = a + g - (3 \times s)$$

Durch Einschalten von Gelenken, Zerschneiden von Stäben oder durch Wegnahme von Auflagerkräften wird wie bei Stabwerken oder Fachwerken zunächst das n-fach statisch unbestimmte System in ein statisch bestimmtes System umgewandelt. Bei den nachfolgenden Aufgaben werden die Stabkräfte der Fachwerkstäbe rechnerisch mit Hilfe des Ritterschnittverfahrens sowie des Rundschnittverfahrens, die im Punkt 3.1 ausführlich erläutert sind, ermittelt.

Stäbe eines Gemischtsystemes, die unter einer vorgegebenen Belastung nicht belastet werden, bezeichnet man als Nullstäbe (siehe Fachwerke).

Die endgültigen Auflager- und Schnittkräfte von statisch unbestimmten Gemischtsystemen findet man ebenfalls durch Überlagerung der Schnittkraftflächen.

5.2 Ausführlich erläuterte Aufgaben

5.2.1 Einfeldträger mit aufgesetzter Fachwerkkonstruktion

Eine Fachwerkkonstruktion, die sich auf einen Einfeldträger abstützt, hat eine Last von P = 100 kN aufzunehmen. Für alle Stäbe gilt: A = const.

Für den Einfeldträger gilt: I = ∞

Berechnen Sie die Stabkräfte der Fachwerkkonstruktion.

Statisches System und Belastung:

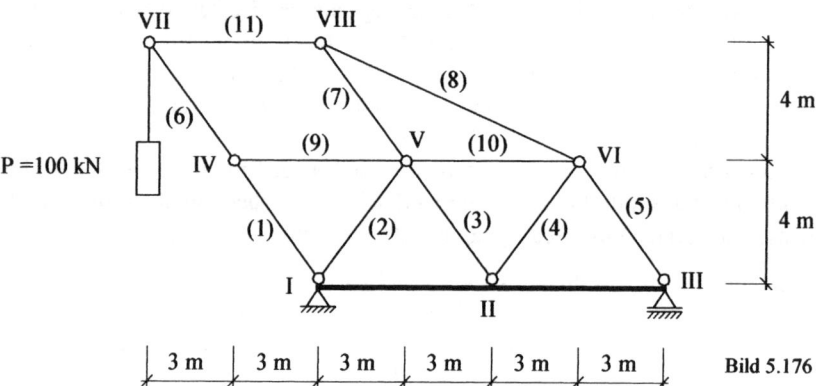

Bild 5.176

Lösung:

Das Einfeldtragwerk ist sehr steif (unendlich großes Trägheitsmoment), es treten keine Verformungen infolge Biegemomente auf. Das Gemischtsystem wird somit als reine Fachwerkkonstruktion betrachtet. Die Stabkräfte werden mit dem Rundschnittverfahren an den einzelnen Knoten ermittelt. An jedem Knoten gelten die Gleichgewichtsbedingungen $\Sigma H = 0$ und $\Sigma V = 0$.

Grad der statischen Unbestimmtheit:

$$n = a + v - (3 \times s) = 3 + 34 - (3 \times 12) = \underline{\underline{1}}$$

Das System ist 1-fach statisch unbestimmt, als Überzählige wird der Stab 10 gewählt.

1. Stabkräfte infolge gegebener Belastung

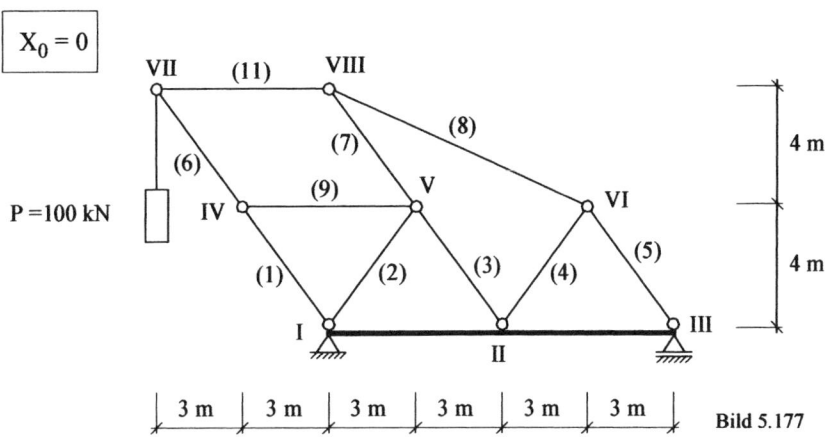

Bild 5.177

Die Stabkräfte werden mit dem „Rundschnittverfahren" an jedem einzelnen Knoten ermittelt. Nachfolgend sind die am Knoten anschließenden Stäbe sowie die wirkenden Kräfte dargestellt (Bild 5.178).

Knoten VII:

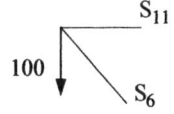

$S_6 = -125$ kN
$S_{11} = +75$ kN

Knoten IV:

$S_1 = -125$ kN
$S_9 = 0$

Knoten VIII:

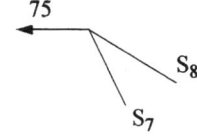

$S_7 = -62,4$ kN
$S_8 = +123$ kN

Knoten V:

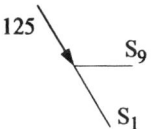

$S_3 = -62,4$ kN
$S_2 = 0$

Knoten I:

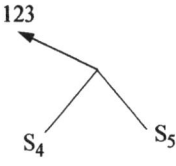

$S_4 = -62,4$ kN
$S_5 = +125$ kN

Bild 5.178

2. Stabkräfte infolge virtueller Belastung

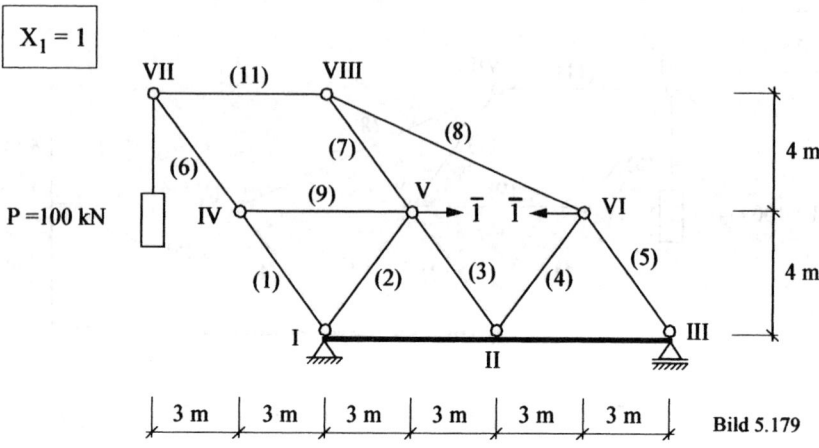

Bild 5.179

Die Stabkräfte werden mit dem „Rundschnittverfahren" an jedem einzelnen Knoten ermittelt (Bild 5.180).

<u>Knoten VII:</u>

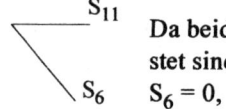

Da beide Stäbe unbelastet sind, ergeben sich:
$S_6 = 0$, $S_{11} = 0$

<u>Knoten IV:</u>

Da beide Stäbe unbelastet sind, ergeben sich:
$S_1 = 0$, $S_9 = 0$

<u>Knoten VIII:</u>

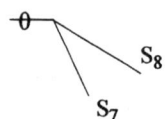

Da beide Stäbe unbelastet sind, ergeben sich:
$S_7 = 0$, $S_8 = 0$

<u>Knoten V:</u>

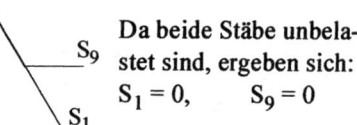

$S_2 = + 0,83$
$S_3 = - 0,83$

<u>Knoten I:</u>

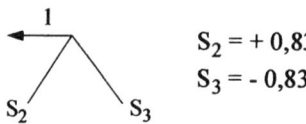

$S_2 = + 0,83$
$S_3 = - 0,83$

Bild 5.180

In der nachfolgenden Tabelle sind die Stabkräfte beider Zustände zusammengefaßt und die tatsächlichen Stabkräfte S in der letzten Spalte mit Hilfe der statischen Überzähligen X_1 ermittelt.

$$S = S_0 + X_1 \times S_1$$

Stab	l in cm	S_0	S_1	$S_0 \times S_1 \times l$	$S_1^2 \times l$	S in KN
1	500	- 125	0	0	0	- 125
2	500	0	+ 0,83	0	344,45	- 43,5
3	500	- 62,4	- 0,83	25896	344,45	- 18,9
4	500	- 62,4	- 0,83	25896	344,45	- 18,9
5	500	+ 125	+ 0,83	51875	344,45	+ 81,5
6	500	- 125	0	0	0	- 125
7	500	- 62,4	0	0	0	- 62,4
8	985	+ 123	0	0	0	+ 123
9	600	0	0	0	0	0
10	600	------	+ 1	0	600	- 52,4
11	600	+ 75	0	0	0	+ 75
			Σ	103667	1977,8	

Tabelle 5.18

$$\text{mit } X_1 = - E \times \delta_{10} / E \times \delta_{11} = - 103667 / 1977,8 = \underline{- 52,42}$$

5.2.2 Hängewerk mit Gleichlast

Gesucht ist die Momentenfunktion des Balkens a-b.

Statisches System und Belastung:

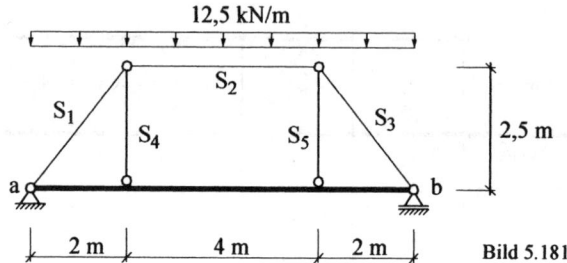

Bild 5.181

Lösung:

<u>Grad der statischen Unbestimmtheit:</u>

$$n = a + v - (3 \times s) = 3 + 22 - (3 \times 8) = \underline{\underline{1}}$$

Das System ist 1-fach statisch unbestimmt. Als Überzählige wird die Stabkraft S_2 gewählt, so dass als Gesamtsystem ein Träger auf zwei Stützen mit der Stützweite $l = 8$ m entsteht. Am gewählten Gesamtsystem erzeugt die Belastung im Träger nur Biegemomente M_0. Die Unbekannte X_1 greift als Doppelkraft im positiven Sinn (Zug) an und verursacht eine gegenseitige Verschiebung der beiden Schnittufer.

1. Statisch bestimmtes Hauptsystem

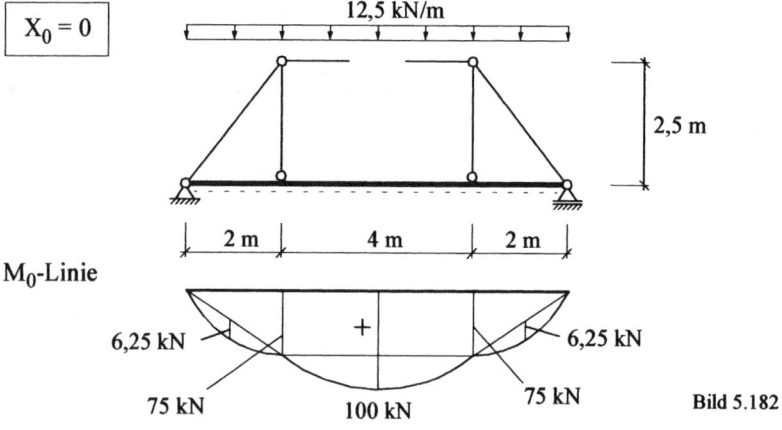

Bild 5.182

Infolge der Gleichlast ergeben sich Momentenparabeln der Größe $ql^2/8$.

2. Virtueller Zustand

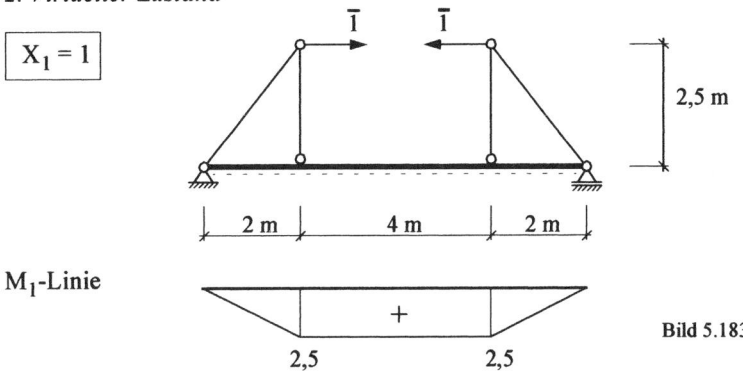

Bild 5.183

M_1-Linie

Da für die Fachwerkstäbe keine Querschnittswerte gegeben sind, wird der Anteil der Längskräfte in den Stäben vernachlässigt. (Der Anteil der Stabkräfte in den Elastizitätsgleichungen muss sonst <u>immer</u> berücksichtigt werden). Nach Anwendung der Kopplungstafeln erhält man:

$$E \times I_c \times \delta_{11} = (2/3 \times 2,5 \times 2,5) \times 2 + 4 \times 2,5 \times 2,5 = 33,33$$
$$E \times I_c \times \delta_{10} = (2/3 \times 75 \times 2,5 + 2/3 \times 6,25 \times 2,5) \times 2 + 4 \times 75 \times 2,5$$
$$+ (2 \times 4/3) \times 25 \times 2,5 = 1187,5$$

$$X_1 = -1187,5 / 33,33 = \underline{\underline{-35,63}}$$

3. Endgültige Momentenlinie

Die entgültigen Momente errechnet man nun mit: $M = M_0 + X_1 \times M_1$

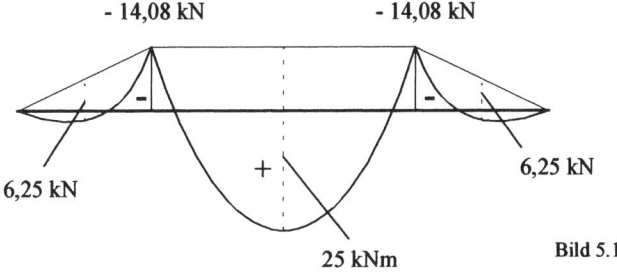

Bild 5.184

5.2.3 Stahlbrückenträger mit Gleichlast

Beim skizzierten Stahlbrückenträger wird die Last p = 10 kN/m über Längs-
und Querträger, die gelenkig miteinander verbunden sind, in den Hauptträger
(I ; A = ∞) eingeleitet.
Bestimmen Sie die Schnittgrößen im Gesamttragwerk.

Anmerkung: Für die Stäbe gilt: A = 80 cm^2 und I = 4 × 10^6 cm^4

Statisches System und Belastung:

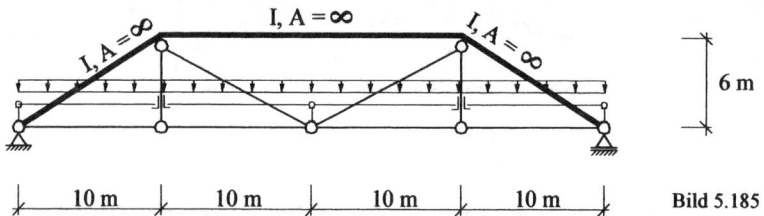

Bild 5.185

Lösung:

Das System ist 2-fach statisch unbestimmt. Das Tragwerk ist hinsichtlich seiner
Geometrie und Belastung symmetrisch. Die Lasteinleitung erfolgt über Längs-
und Querträger in den Hauptträger, so daß die Belastung nur an den Knotenpunkten angreift (Knotenpunkte sind Lastangriffspunkte). Die Knotenlast je
Querträger errechnet sich mit 10 × 10/2 = 50 kN. Für den Obergurt-Biegeträger
ist für die Arbeitsgleichung der Anteil aus Normalkräften zu vernachlässigen
(A ist unendlich groß).

1. Statisches System mit Belastung als Knotenlasten

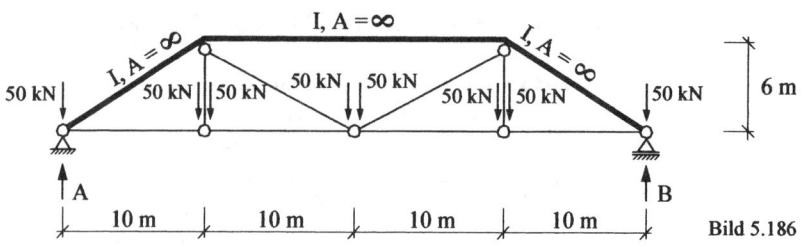

Bild 5.186

Auflagerkräfte: A_V = 8 × 50/2 = 200 kN; A_H = 0;
                       B_V = 8 × 50/2 = 200 kN; B_H = 0

Da System und Belastung symmetrisch sind, wird nur eine Tragwerksseite betrachtet (Bild 5.184):

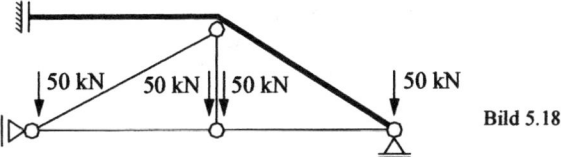

Bild 5.187

<u>Grad der statischen Unbestimmtheit:</u>

$$n = a + v - (3 \times s) = 3 + 16 - (3 \times 6) = \underline{\underline{1}}$$

Das System ist 1-fach statisch unbestimmt.

<u>Statisch bestimmtes Hauptsystem</u>

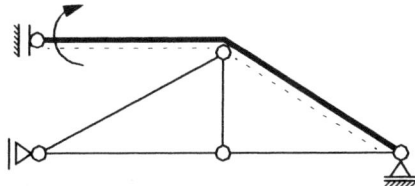

Bild 5.188

2. Schnittgrößen infolge virtueller Belastung

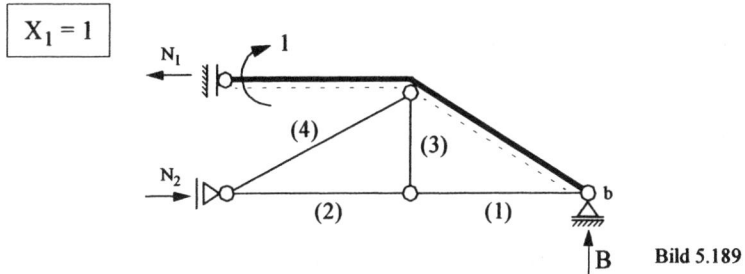

Bild 5.189

Auflagerkräfte: $B_V = 0$; $B_H = 0$; $N_1 = N_2 = 1/6$

Stabkräfte: $S_3 = 0$; $S_4 = 0$; $S_1 = S_2 = -1/6$

M_1-Linie:

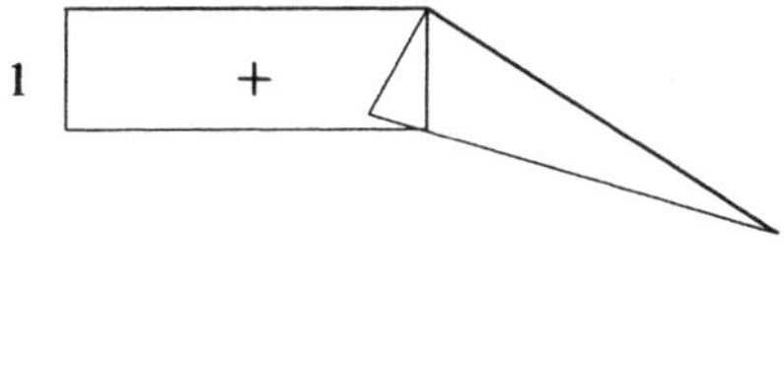

Bild 5.190

3. Schnittgrößen infolge tatsächlicher Belastung

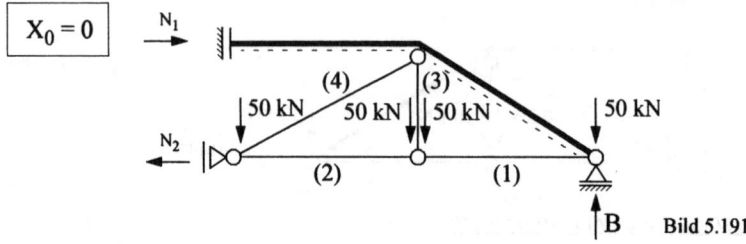

Bild 5.191

Auflagerkräfte: $B_V = 200$ kN; $B_H = 0$; $N_1 = N_2 = 333,33$ kN
Stabkräfte: $S_3 = 100$ kN; $S_4 = 97,18$ kN; $S_1 = S_2 = 250$ kN

Unter Anwendung der Kopplungstafeln erhält man *(Anteil der Normalkräfte kursiv)*:

$$E \times I \times \delta_{11} = 11,66/3 \times 1 \times 1 + 10 \times 1 \times 1$$
$$+ 2 \times ((-1/6)^2 \times 10 \times 4 \times 10^6 / 80) = \underline{277791,67}$$
$$E \times I \times \delta_{10} = 2 \times (500 \times (-1/6) \times 10 \times 4 \times 10^6 / 80) = \underline{- 4,17 \times 10^7}$$

mit $X_1 = - E \times \delta_{10} /E \times \delta_{11} = - (- 4,17 \times 10^7) / 277791,67 = \underline{\underline{1500}}$

4. Schnittgrößen am Gesamttragwerk

Die Schnittgrößen errechnen sich nach den Gleichungen $A = A_0 + X_1 \times A_1$, $S = S_0 + X_1 \times S_1$ sowie $M = M_0 + X_1 \times M_1$.

Auflagerkräfte: $A_V = B_V = \underline{200\ kN}$

Stabkräfte: $S_1 = 250 + 1500 \times (- 1/6) = \underline{\underline{0}}$
                   $S_2 = 250 + 1500 \times (- 1/6) = \underline{\underline{0}}$
                   $S_3 = 100 + 1500 \times 0 = \underline{100\ kN}$
                   $S_4 = 97,18 + 1500 \times 0 = \underline{97,18\ kN}$

M-Linie:

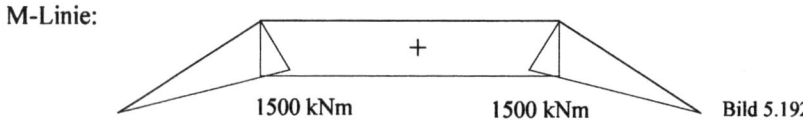

1500 kNm   1500 kNm   Bild 5.192

5.2.4 Einfeldträger mit unterstützendem Fachwerkträger

Das Gesamttragwerk soll auf einen Durchlaufträger (Träger abcd) reduziert werden.
Bestimmen Sie am Durchlaufträger die Schnittgrößen für folgende Lastfälle:
a) Kraftlastfall q = 30 kN/m
b) Lastfall ungleichmäßige Temperaturänderung ΔT = - 60 °C

Anmerkung: Material: Stahl

    Für die Fachwerkstäbe gilt: A = 12cm^2
    Träger abcd: HEB 180

Statisches System und Belastung:

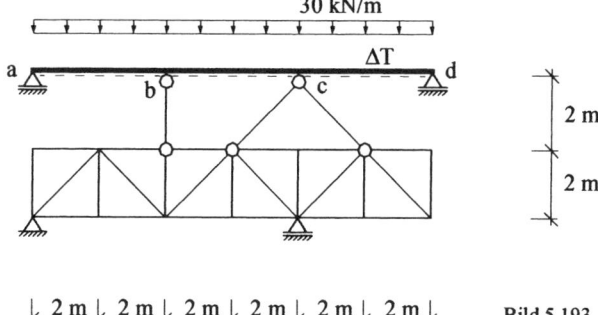

Bild 5.193

Lösung:

Das Gesamtsystem ist 2-fach statisch unbestimmt.

Statisch bestimmtes Hauptsystem:

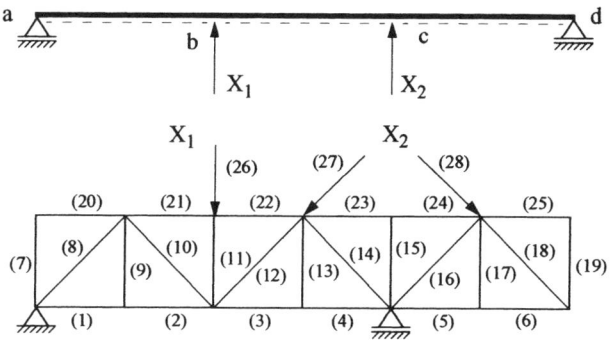

Bild 5.194

Als Überzählige werden die beiden inneren Stützkräfte B und C gewählt und nach Aufbringen der virtuellen Belastung der Größe 1 die Stabkräfte im Fachwerk sowie die Biegemomente am Träger ermittelt.

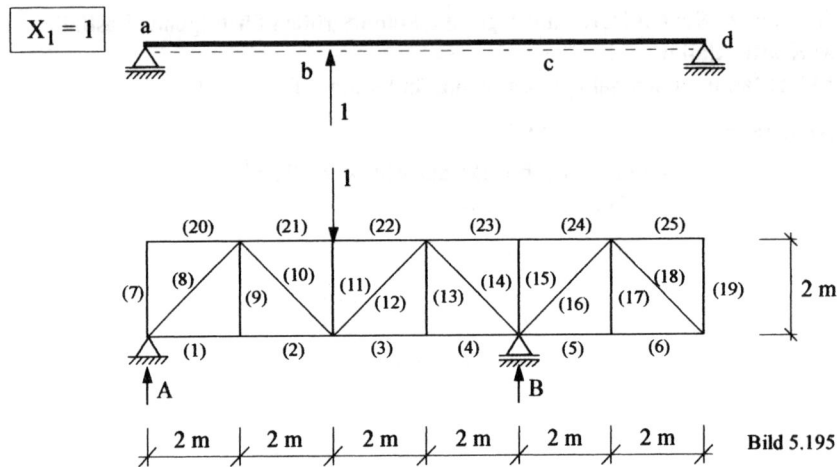

Bild 5.195

Auflagerkräfte: $A = B = 1 \times 4 / 8 = 0,5$

Stabkräfte: Auf eine ausführliche Ermittlung der einzelnen Stabkräfte wird hier verzichtet. Die Fachwerkstäbe rechts des Auflagers b sind „Nullstäbe", da sie ohne Belastung sind. Das Fachwerk zwischen den Auflagern a und b ist symmetrisch, die Streben verlaufen unter einem Winkel von 45°, so dass die Ermittlung der Stabkräfte recht einfach ist.

$S_1 = 0,50,$ $S_2 = 0,50,$ $S_3 = 0,50,$ $S_4 = 0,50,$

$S_5 = 0,$ $S_6 = 0,$ $S_7 = 0,$ $S_8 = -0,707,$

$S_9 = 0,$ $S_{10} = 0,707,$ $S_{11} = -1,$ $S_{12} = 0,707,$

$S_{13} = 0,$ $S_{14} = -0,707,$ $S_{15} = 0,$ $S_{16} = 0,$

$S_{17} = 0,$ $S_{18} = 0,$ $S_{19} = 0,$ $S_{20} = 0,$

$S_{21} = -1,$ $S_{22} = -1,$ $S_{23} = 0,$ $S_{24} = 0,$

$S_{25} = 0,$ $S_{26} = -1,$ $S_{27} = 0,$ $S_{28} = 0$

M_1-Linie:

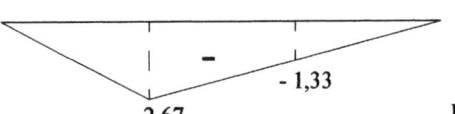

$-2,67$ $-1,33$ Bild 5.196

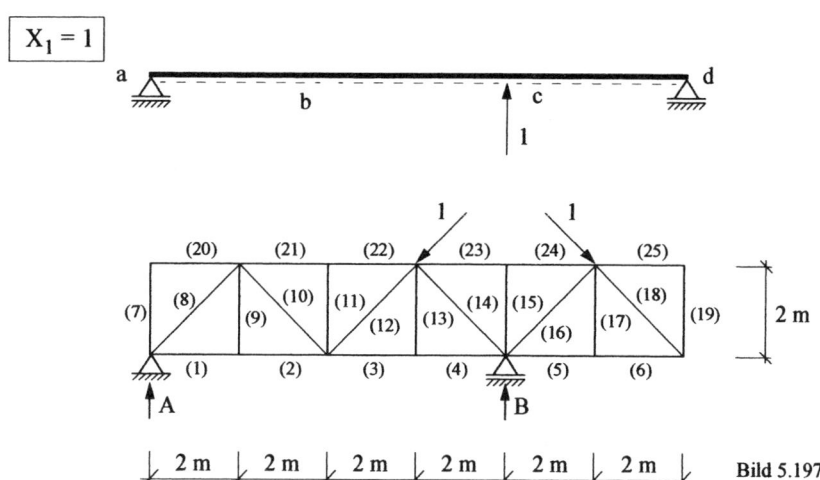

Bild 5.197

Auflagerkräfte: A = 0;   B = 1

Stabkräfte: $S_1 = 0$, $S_2 = 0$, $S_3 = 0$, $S_4 = 0$,

$S_5 = 0$, $S_6 = 0$, $S_7 = 0$, $S_8 = 0$,

$S_9 = 0$, $S_{10} = 0$, $S_{11} = 0$, $S_{12} = 0$,

$S_{13} = 0$, $S_{14} = -0{,}707$, $S_{15} = 0$, $S_{16} = -0{,}707$,

$S_{17} = 0$, $S_{18} = 0$, $S_{19} = 0$, $S_{20} = 0$,

$S_{21} = 0$, $S_{22} = 0$, $S_{23} = 1$, $S_{24} = 1$,

$S_{25} = 0$, $S_{26} = 0$, $S_{27} = -0{,}707$, $S_{28} = -0{,}707$

M_1-Linie:

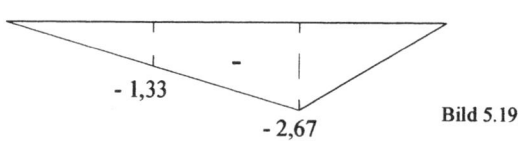

- 1,33

- 2,67   Bild 5.198

Unter Anwendung der Kopplungstafeln (Momente und Stabkräfte) erhält man:
(Auf eine ausführliche Ermittlung der Elastizitätsgrößen wird verzichtet.)

$E \times I \times \delta_{11} = 28{,}81$

$E \times I \times \delta_{12} = 24{,}94$

$E \times I \times \delta_{22} = 28{,}75$

1. Kraftlastfall q = 30 kN/m:

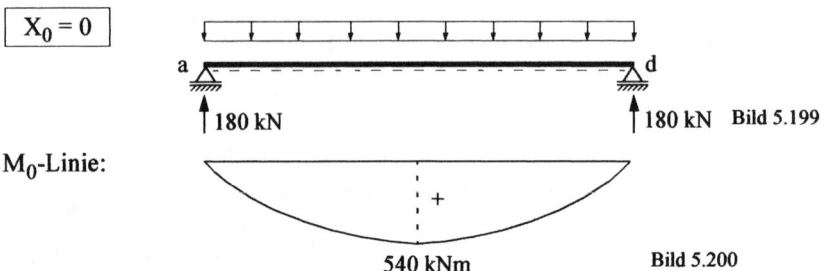

Bild 5.199

M_0-Linie:

540 kNm   Bild 5.200

Aufgrund der Gleichlast erhält man eine parabelförmige Momentenlinie.

Unter Anwendung der Kopplungstafeln (Momente) erhält man:
(Auf eine ausführliche Ermittlung der Elastizitätsgrößen wird verzichtet.)

$$E \times I \times \delta_{10} = -7040$$
$$E \times I \times \delta_{20} = -7040$$

Damit ergeben sich folgende Elastizitätsgleichungen:

(I) $28,81 \times \delta_{11} + 24,94 \times \delta_{12} = 7040$
(II) $24,94 \times \delta_{12} + 28,75 \times \delta_{22} = 7040$

Das Auflösen der entstehenden Elastizitätsgleichungen ergibt:

$$X_1 = 130,03; \quad X_2 = 132,08$$

Die Schnittgrößen infolge der Gleichlast ergeben sich nach folgenden Gleichungen:

$$A = A_0 + X_1 \times A_1 + X_2 \times A_2$$
$$M = M_0 + X_1 \times M_1 + X_2 \times M_2$$

$A = 49,29$ kN; $B = 130,03$ kN; $C = 132,08$ kN; $D = 48,60$ kN;
$M_A = 0$; $M_B = -522,85$ kNm; $M_C = -525,87$ kNm; $M_D = 0$

M-Linie:

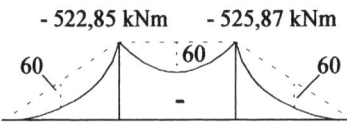

- 522,85 kNm   - 525,87 kNm

60   60   60

Q-Linie:

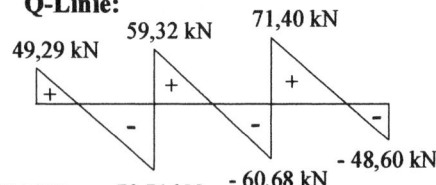

49,29 kN   59,32 kN   71,40 kN

- 70,71 kN   - 60,68 kN   - 48,60 kN

Bild 5.201

2. Lastfall ungleichmäßige Temperaturänderung um $\Delta T = -60\ °C$

Unter Anwendung der Kopplungstafeln (Momente und Stabkräfte) erhält man:

$$E \times I \times \delta_{10} = -2{,}67/2 \times 1{,}2 \times 10^{-5} / 0{,}18 \times (-60) \times 12$$
$$\times 2{,}1 \times 10^{8} \times 3{,}83 \times 10^{-5} = -514{,}75$$
$$E \times I \times \delta_{20} = -514{,}75$$

Damit ergeben sich folgende Elastizitätsgleichungen:

(I) $28{,}81 \times \delta_{11} + 24{,}94 \times \delta_{12} = 514{,}75$
(II) $24{,}94 \times \delta_{12} + 28{,}75 \times \delta_{22} = 514{,}75$

Das Auflösen der entstehenden Elastizitätsgleichungen ergibt:

$$X_1 = 9{,}51; \qquad X_2 = 9{,}66$$

Die Schnittgrößen infolge der ungleichmäßigen Temperaturänderung ergeben sich ebenso nach folgenden Gleichungen:

$$A = A_0 + X_1 \times A_1 + X_2 \times A_2$$
$$M = M_0 + X_1 \times M_1 + X_2 \times M_2$$

$A = 170{,}44\ kN;$ $B = 9{,}51\ kN;$ $C = 9{,}66\ kN;$ $D = 170{,}39\ kN;$
$M_A = 0;$ $M_B = -38{,}24\ kNm;$ $M_C = -38{,}44\ kNm;$ $M_D = 0$

Q-Linie:

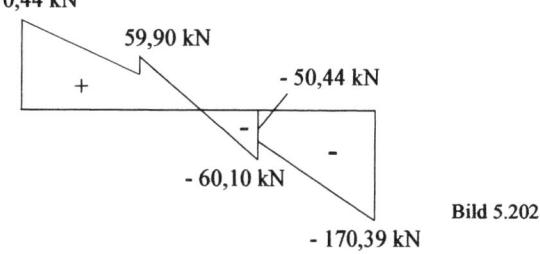

170,44 kN

59,90 kN

+

- 50,44 kN

-

- 60,10 kN

- 170,39 kN

Bild 5.202

5.3 Aufgaben mit Lösungshinweisen und Ergebnissen

5.3.1 Einfeldträger mit aufgesetzter Fachwerkkonstruktion

Für das dargestellte Gemischttragwerk sind für nachstehende Lastfälle zu bestimmen

a) Streckenlast, p = 10 kN/m, auf Einfeldtragwerk
   gesucht: - Durchbiegung in Feldmitte

b) Stab 5 ist um 0,02 m zu kurz eingebaut
   gesucht: - Stabkräfte
               - M-Linie
               - Biegelinie

Anmerkung: Für alle Stäbe ist A = const. und für das Einfeldtragwerk I = ∞
             zu setzen.

Statisches System und Belastung:

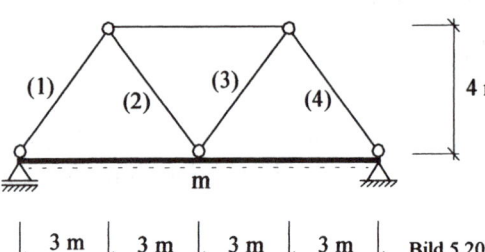

Träger: HEB 160:
  $A = 5,43 \times 10^{-3}\,\text{m}^2$
  $I = 2,94 \times 10^{-5}\,\text{m}^4$

4 m

Stäbe HEB 100:
  $A = 2,6 \times 10^{-3}\,\text{m}^2$
  $I = 4,5 \times 10^{-6}\,\text{m}^4$

3 m | 3 m | 3 m | 3 m   Bild 5.203

Lösung:

Das System ist einfach statisch unbestimmt. Stab 5 wird als Überzählige angesetzt (Bild 5.201).

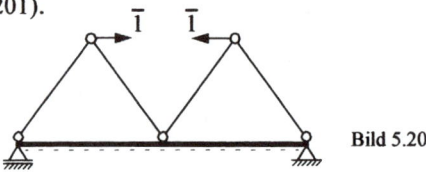

Bild 5.204

Kontrollgrößen: a) Durchsenkung in Feldmitte: $\delta_m = 1,19$ mm
                    b) Stabkräfte: $S_1 = 1,36$ kN, $S_5 = 1,65$ kN
                        Moment in Feldmitte: $M_m = 6,54$ kNm
                        Durchsenkung in Feldmitte: $\delta_m = 1,50$ mm

5.3.2 Unterspannter Balken mit halbseitiger Belastung

Für die halbseitige Belastung von $p = 2,0$ kN/m sind der Momenten- und Querkraftverlauf am Einfeldtragwerk darzustellen.

Anmerkung: - St 37, S 235
               - Einfeldtragwerk: Profil I 280
               - Unterspannung einheitlich 2 L 60.6

Statisches System und Belastung:

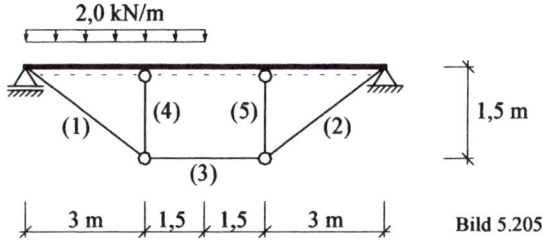

Bild 5.205

Lösung:

Das System ist einfach statisch unbestimmt. Stab 3 wird als Überzählige angesetzt (Bild 5.206).

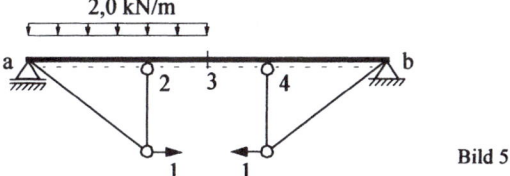

Bild 5.206

Kontrollgrößen: Normalkraft im Träger: $N = 6,17$ kN

Momente: $M_2 = 1,98$ kNm
            $M_3 = 0,86$ kNm
            $M_4 = -2,52$ kNm

5.3.3 Überdachung mit Gleichlast

Gesucht ist die vertikale Verschiebung des Punktes e der Überdachung.

Anmerkung: - St 37, S 235
                - Stäbe S_{ac} und S_{ce}: I 140
                - Stab S_{bc}: Rundstahl d = 16 mm
                - Stab S_{bd}: Rundstahl d = 25 mm

Statisches System und Belastung:

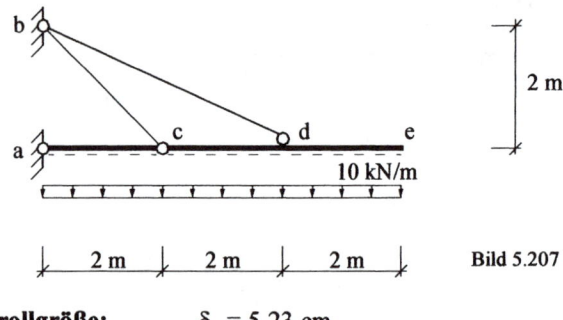

Bild 5.207

Kontrollgröße: $\delta_e = 5{,}23$ cm

5.3.4 Unterspannter Träger mit Mittelgelenk

Gesucht: Auflagerkräfte und Schnittgrößen

Statisches System und Belastung:

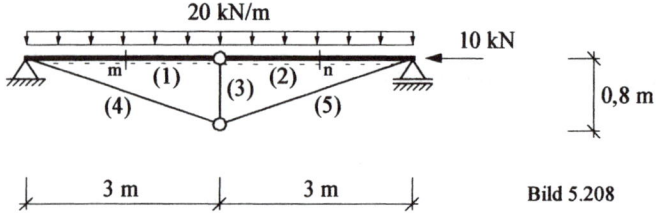

Bild 5.208

Kontrollgrößen:

$M_m = M_n = 22{,}50$ kNm

$S_1 = -122{,}36$ kN, $S_2 = -122{,}36$ kN, $S_3 = -60{,}00$ kN,

$S_4 = 116{,}30$ kN, $S_5 = 116{,}30$ kN

5.3.5 Unterspannter Brückenträger mit gemischter Belastung

Gesucht: Auflagerkräfte und Schnittgrößen

Statisches System und Belastung:

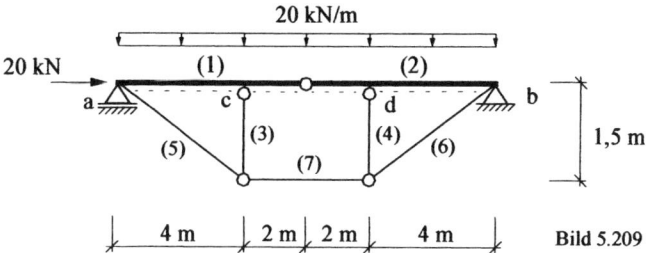

Bild 5.209

Kontrollgrößen:

$M_c = M_d = -40,00$ kNm

$S_1 = -260,00$ kN, $\quad$ $S_2 = -260,00$ kN, $\quad$ $S_3 = -90,00$ kN,

$S_4 = -90,00$ kN, $\quad$ $S_5 = 256,40$ kN, $\quad$ $S_6 = 256,40$ kN,

$S_7 = 240,00$ kN

5.3.6 Überdachung mit vertikaler Belastung

Gesucht: Auflagerkräfte und Schnittgrößen

Statisches System und Belastung:

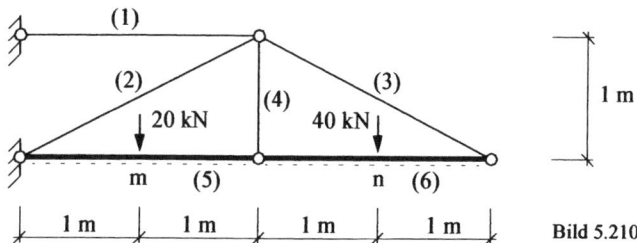

Bild 5.210

Kontrollgrößen:

$M_m = 10,00$ kNm, $\quad$ $M_n = 20,00$ kNm,

$S_1 = 140,00$ kN, $\quad$ $S_2 = -111,80$ kN, $\quad$ $S_3 = 44,72$ kN,

$S_4 = 30,00$ kN, $\quad$ $S_5 = -40,00$ kN, $\quad$ $S_6 = -40,00$ kN

5.3.7 Abgestrebter Dreigelenkrahmen mit Gleichlast

Gesucht: Auflagerkräfte und Schnittgrößen

Statisches System und Belastung:

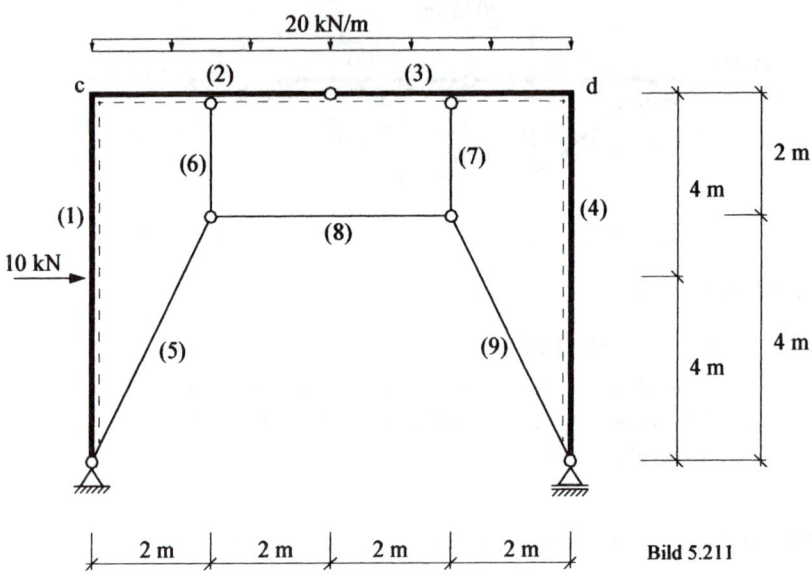

Bild 5.211

Kontrollgrößen:

$M_c = -495,00$ kNm, $M_d = -525,00$ kNm,

$S_1 = -251,25$ kN, $S_2 = -87,50$ kN, $S_3 = -87,50$ kN,

$S_4 = -258,75$ kN, $S_5 = 195,66$ kN, $S_6 = 175,00$ kN

$S_7 = 175,00$ kN, $S_8 = 87,50$ kN, $S_9 = 195,66$ kN

6 Rahmen und Bogentragwerke

6.1 Allgemeines

Rahmentragwerke entstehen durch starre Verbindungen von biegesteifen Stäben. Sie gehören in der Mehrzahl zu den statisch unbestimmten Tragwerken und werden in Rahmen mit gelenkiger Lagerung; Rahmen mit eingespannten Stielen; zweistielige, dreistielige oder mehrstielige Rahmen (Mehrfeldrahmen); einstöckige, zweistöckige oder mehrstöckige Rahmen (Stockwerkrahmen); Rechteckrahmen, Dreieckrahmen sowie symmetrische und unsymmetrische Rahmen unterteilt.

In den Knickpunkten sind die anschließenden Teile des Rahmens biegesteif verbunden. Es können dort Querkräfte, Normalkräfte und Biegemomente übertragen werden. Da an diesen Stellen die Stabachse ihre Richtung ändert, werden Querkräfte zu Normalkräften bzw. umgekehrt.

In vielen Tabellenbüchern sind für verschiedene einfache Rahmen mit möglichen Belastungen fertige Rahmenformeln angegeben. Weiterhin gibt es Spezialliteratur, die für die verschiedenartigsten Rahmensysteme und Belastungen Angaben über die Auflager- und Schnittkräfte enthält. In der Baupraxis werden grundsätzlich solche Formelsammlungen benutzt.

Weitere Rahmensysteme sind der Dreigelenkrahmen mit Zugband bzw. der Zweigelenkrahmen oder der eingespannte Rahmen, die ebenfalls mit einem Zugband versehen werden können. Das beiderseitig gelenkig angeschlossene Zugband kann keine Biegemomente übernehmen. Da eine äußere Belastung des Zugbandes zwischen den Gelenkpunkten stets ausgeschlossen sein soll, tritt im Zugband nur eine Schnittkraft, nämlich eine Normalkraft auf. Jedes neu eingeschaltete Zugband vermehrt die statische Unbestimmtheit um ein Grad.

Eine weitere Rahmenform ist das Dreigelenktragwerk, das als Rahmen oder Bogen ausgebildet sein kann. Es besteht aus 2 Teilen, die durch ein Gelenk (Scheitelgelenk) miteinander verbunden sind. Die Lagerung erfolgt in zwei weiteren Gelenken (Kämpfergelenke), so dass insgesamt drei Gelenke vorhanden sind. Diese Systeme gehören zu den statisch bestimmten Tragwerken.

6.2 Ausführlich erläuterte Aufgaben

6.2.1 Dreigelenkrahmen mit Gleichlast

Der dargestellte Stahlrahmen wurde bei einer Temperatur von 20 °C montiert. Unter der Eigengewichtsbelastung stellt sich im Scheitelgelenk ein Knick ein. Bei welcher Temperatur verschwindet der Knick, wenn das Gesamttragwerk gleichmäßig erwärmt wird?

Anmerkung: $E = 21000 \text{ kN/cm}^2$; $I = 300000 \text{ cm}^4$

Statisches System und Belastung:

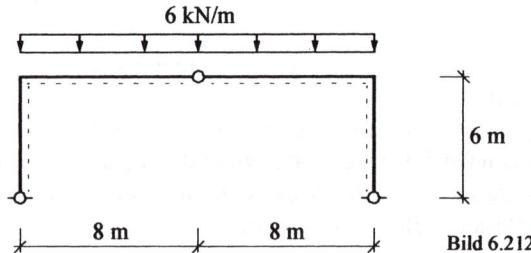

Bild 6.212

Lösung:

Grad der statischen Unbestimmtheit:

$$n = a + v - (3 \times s) = 4 + 2 - (3 \times 2) = \underline{\underline{0}}$$

Das System ist statisch bestimmt.

1. Schnittgrößen infolge gegebener Belastung:

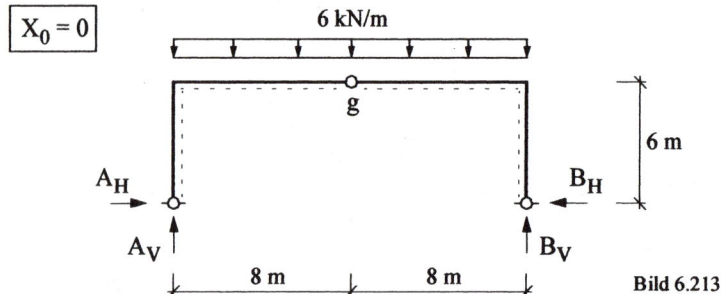

Bild 6.213

Auflagerkräfte: $\Sigma V = 0 \dots$ $A_V = B_V = 6,0 \times 16,0/2 = 48\,kN$

$\Sigma M_g = 0 \dots$ $A_V \times 8,0 - A_H \times 6,0 - 6,0 \times 8,0^2/2 = 0$

$48 \times 8,0 - A_H \times 6,0 - 6,0 \times 8,0^2/2 = 0$

$A_H = 32\,kN$

$\Sigma V = 0 \dots$ $A_H - B_H = 0$

$B_H = 32\,kN$

M_0-Linie:

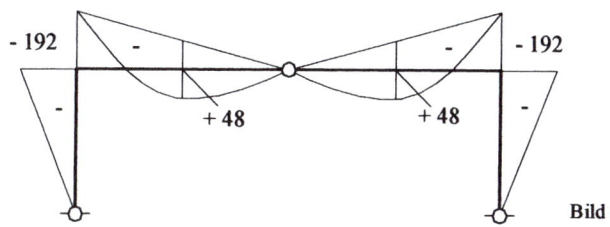

Bild 6.214

Aufgrund der Gleichlast erhält man auf jeder Riegelhälfte eine Momentenlinie in Form einer quadratischen Parabel.

2. Schnittgrößen infolge Verdrehung am Gelenk:

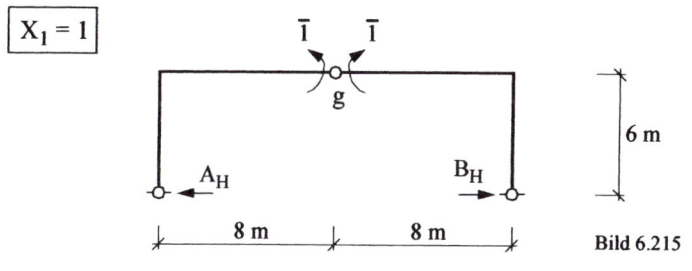

Bild 6.215

Auflagerkräfte: $A_H = B_H = 1/6 = 0,17$

M_1-Linie:

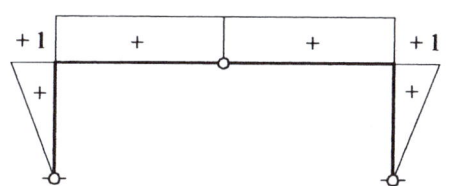

Bild 6.216

Die Normalkraft des Riegels beträgt 0,17.

Durch Kopplung der beiden M-Flächen erhält man die Verdrehung des Gelenkes g:

$$E \times I \times \phi_g = \Sigma (M_0 \times M_1 \times l)$$
$$= 2 \times (6/3 \times (-192) \times 1{,}0 + 8/2 \times (-192) \times 1{,}0$$
$$+ 2 \times 8/3 \times 48 \times 1{,}0)$$
$$E \times I \times \phi_g = -1792$$
$$\phi_g = -1792 / (2{,}1 \times 10^8 \times 3 \times 10^{-3})$$
$$\phi_g = -2{,}84 \times 10^{-3}$$

Die Verformung des Rahmens infolge gleichmäßiger Temperaturänderung muss der Verformung durch die gegebene Belastung entgegenwirken.

mit: $\alpha_{T,Stahl} = 1{,}2 \times 10^{-5} \, K^{-1}$

Arbeitsgleichung:
$$\phi_T = l \times \alpha_T \times N \times t_0$$
$$\phi_T = 2 \times (8{,}0 \times 1{,}2 \times 10^{-5} \times 0{,}17 \times t_0)$$
$$\phi_T = 3{,}20 \times 10^{-5} \times t_0$$

Die Verdrehung am Gelenk muß „0" sein, damit der Knick verschwindet:

Ansatz:
$$\phi_g = \quad 0 = vorh. \, \phi + \phi_T$$
$$0 = -2{,}84 \times 10^{-3} + 3{,}20 \times 10^{-5} \times t_0$$
$$t_0 = 88{,}75 \, K$$

Die notwendige gleichmäßige Temperaturänderung beträgt unter der Berücksichtigung der Aufstellungstemperatur von 20 °C:

$$t_0 = 88{,}75 \, K + 20 \, K = \underline{\underline{108{,}75 \, K}}$$

6.2.2 Stahlrahmen mit gemischter Belastung

Beim dargestellten Stahlrahmen ist folgender Momentenverlauf gegeben:
- Windlast w = 10 kN/m
- ungleichmäßige Temperaturänderung des Riegels (Profilhöhe h = 0,30 m) um
  $\Delta T = -50\ °C$

Ermitteln Sie für die Lastfälle 1 und 2 (Wind und Temperatur):
a) die Horizontalverschiebung des Riegels
b) die Biegelinie als Funktion von x
c) die Stelle und den Betrag der größten Vertikalverschiebung des Riegels

Statisches System und Belastung:

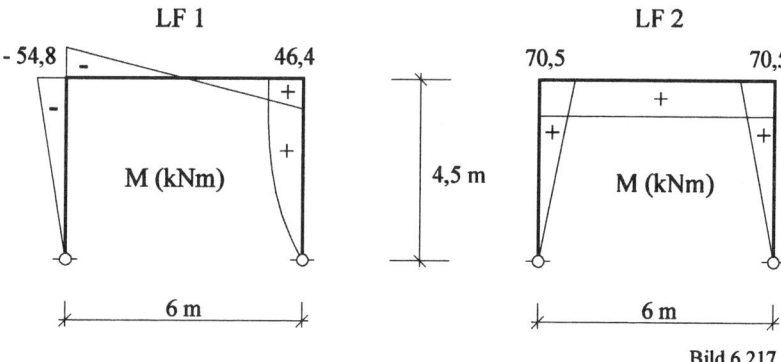

Bild 6.217

Lösung:

Durch Überlagerung der Momentenlinie beider Lastfälle wird zunächst eine
Gesamt-Momentenlinie ermittelt (Bild 6.218).

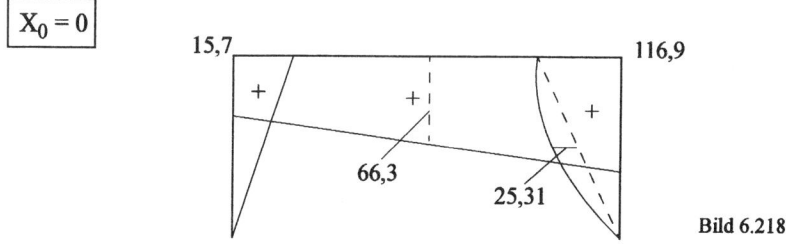

Bild 6.218

a) Horizontalverschiebung des Riegels:

Durch Aufbringen einer virtuellen Last der Größe „1" wird die Horizontalverschiebung des Riegels ermittelt (Bild 6.219).

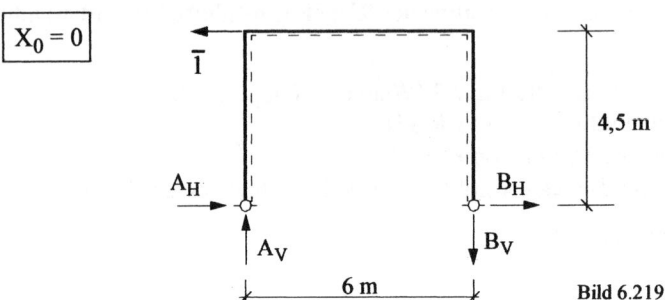

Bild 6.219

Auflagerkräfte:

Mit Hilfe der Rahmenformeln (siehe Tabellenbücher) werden die Stützkräfte ermittelt:

$$A_V = B_V = 1 \times 4{,}5/6{,}0 = 0{,}75$$
$$A_H = B_H = 1/2 = 0{,}50$$

M_1-Linie:

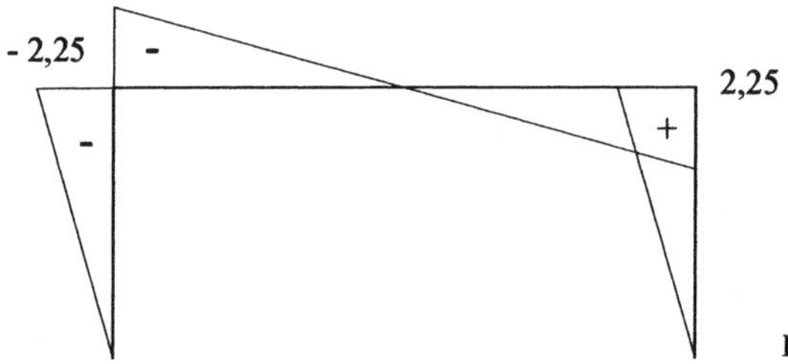

Bild 6.220

Durch Kopplung der beiden M-Flächen erhält man die Horizontalverschiebung des Riegels:

$$
\begin{aligned}
E \times I \times \delta \ &= \Sigma \,(M_0 \times M_1 \times 1 \times I_c/\,I) \\
&= (4{,}5/3 \times 15{,}7 \times (-2{,}25) \\
&\quad + 6/6 \times (15{,}7 \times (2 \times (-2{,}25)) + 2{,}25) \\
&\quad + 116{,}9 \times ((-2{,}25) + 2 \times 2{,}25)) \\
&\quad + (4{,}5/3 \times 116{,}9 \times 2{,}25 \\
&= 654{,}67 \\
\delta \ &= 654{,}67 \,/ \,E \times I
\end{aligned}
$$

b) Biegelinie des Riegels als Funktion von x

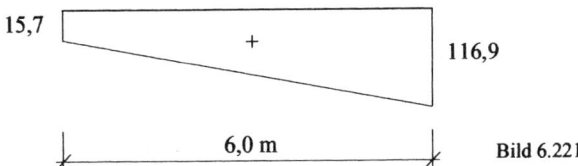

Bild 6.221

Gleichung der Verformungslinie (Biegelinie) in Abhängigkeit von x:

Gleichung der M-Linie: Gleichung der Form $\boxed{y = mx + n}$

$$m = (y_1 - y_0) / (x_1 - x_0) = (116,9 - 15,7) / (6 - 0) = \underline{16,87}; \quad \underline{n = 15,7}$$

$$\boxed{y = 16,87 \times x + 15,7}$$

Bei Anwendung der direkten Integration sind folgende Zusammenhänge zu beachten:

$z = z(x)$ Gleichung der Biegelinie

$z' = \phi(x)$ Gleichung der Neigung der Stabachse

$z'' = -M / (E \times I)$ Gleichung der Momentenlinie

$z''' = -M' / (E \times I) = -Q / (E \times I)$ Gleichung der Querkraftlinie

$z^{IV} = -Q' / (E \times I) = q(x) / (E \times I)$ Gleichung der Belastungsfunktion

Für diese Aufgabe sind die ersten drei Gleichungen von Bedeutung. Durch Integration erhält man schrittweise aus der Gleichung der M-Linie die Gleichung der Biegelinie.

Ermittlung der Biegelinie mittels direkter Integration:

Gleichung der M-Linie: $E \times I \times z^{II} = -16,87 \times x - 15,7$

Gl. der Neigg. d. Stabachse: $E \times I \times z^{I} = -8,44 \times x^2 - 15,7 \times x + c_1$

Gleichung der Biegelinie: $E \times I \times z = -2,81 \times x^3 - 7,85 \times x^2 + c_1 \times x + c_2$

Da in der Gleichung der Biegelinie zwei Integrationskonstanten (Unbekannte) vorkommen, müssen Randbedingungen geschaffen werden, um die Gleichung lösen zu können. In der folgenden Übersicht sind verschiedene Randbedingungen zusammengefasst.

Es bedeuten: - x ... betrachtete Stelle des Trägerabschnittes

                  - z ... Durchsenkung an der Stelle x

                  - z' ... Neigung der Stabachse an der Stelle x

Lagerung an der Stelle x	Randbedingung
	$z = 0,$ $z' = 0$
	$z = 0,$ $M = 0 \longrightarrow z'' = 0$
	$z = 0,$ $M = 0 \longrightarrow z'' = 0$
	$M = 0 \longrightarrow z'' = 0$ $Q = 0 \longrightarrow z''' = 0$

Tabelle 6.19

Randbedingungen: $z(0) = 0, \; z(l) = 0$

(Durchsenkungen an diesen Stellen gleich 0)

$z(0) = 0$: $c_2 = 0$

$z(l) = 0$: $0 = -2{,}81 \times 6^3 - 7{,}85 \times 6^2 + c_1 \times 6$

$c_1 = 148{,}26$

Gleichung der Biegelinie: $E \times I \times z = -2{,}81 \times x^3 - 7{,}85 \times x^2 + 148{,}26 \times x$

c) Stelle und Betrag der größten Vertikalverschiebung des Riegels:

An der Stelle der größten Vertikalverschiebung ist die Neigung (Verdrehung) der Stabachse gleich „0":

Stelle: $E \times I \times z^I = 0 = -8{,}44 \times x_1^2 - 15{,}7 \times x_1 + 148{,}26$

Nach Auflösen der quadratischen Gleichung erhält man: $\boxed{x_1 = 3{,}36 \text{ m}}$

Durch Einsetzen des errechneten Wertes für die Stelle x in die Gleichung der Biegelinie erhält man die größte Vertikalverschiebung des Riegels mit:

Betrag: $E \times I \times z = -2{,}81 \times 3{,}36^3 - 7{,}85 \times 3{,}36^2 + 148{,}26 \times 3{,}36 = 302{,}94$

$\boxed{z = 302{,}94 / E \times I}$

6.2.3 Zweigelenkrahmen mit gemischter Belastung

Beim dargestellten Rahmen ist die gegenseitige Verdrehung der Verbindungs-geraden $\overline{BC}$ für folgende Lastfälle gesucht:

a) Lastfall 1: F = 10 kN
b) Lastfall 2: gleichmäßige Erwärmung des Riegels um T = 60 K

Anmerkungen: Material: Stahl;   I = const. = 15000 cm^4

Statisches System und Belastung:

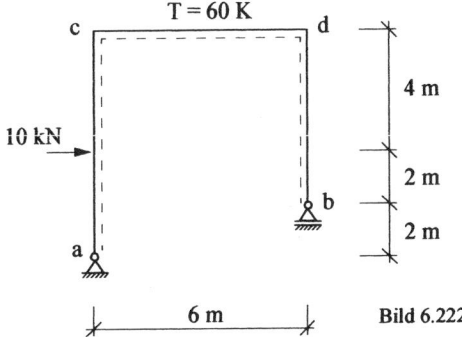

Bild 6.222

Lösung:

Grad der statischen Unbestimmtheit:

$$n = a + v - (3 \times s) = 3 + 0 - (3 \times 1) = \underline{\underline{0}}$$

Das System ist statisch bestimmt.

1. Schnittgrößen infolge virtueller Belastung:

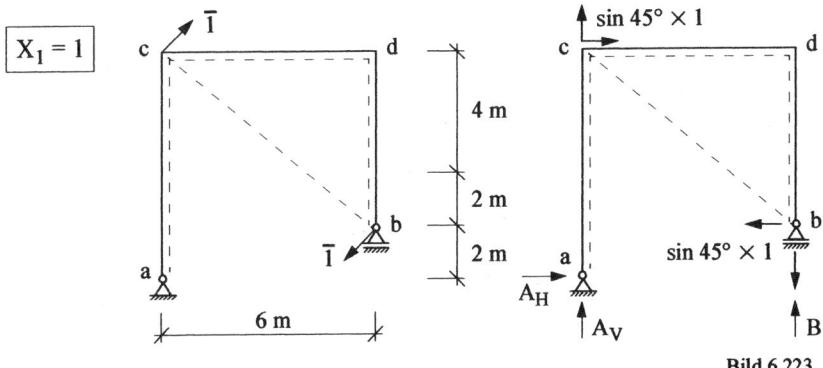

Bild 6.223

Auflagerkräfte: $\Sigma\,H = 0$: $A_H + \sin 45° \times 1 - \sin 45° \times 1 = 0$;
                                   $A_H = 0$
                   $\Sigma\,M_b = 0$: $A_V \times 6 + \sin 45° \times 6 - \sin 45° \times 6 = 0$;
                                   $A_V = -2 \times \sin 45°$
                   $\Sigma\,V = 0$: $B + A_V = 0$
                                   $B = 2 \times \sin 45°$

M_1-Linie: N_1-Linie:

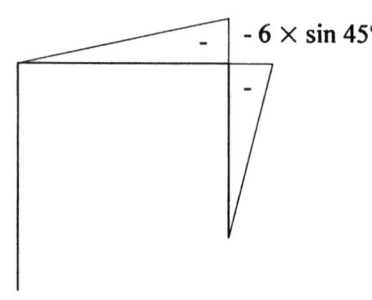
$-6 \times \sin 45°$

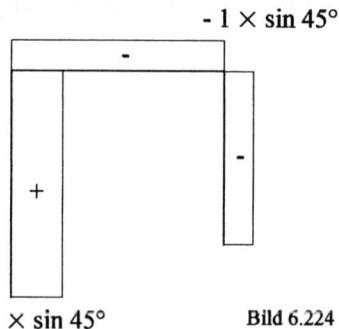
$-1 \times \sin 45°$

$2 \times \sin 45°$ Bild 6.224

a) Lastfall 1: F = 10 kN

$\boxed{X_0 = 0}$ M_0-Linie:

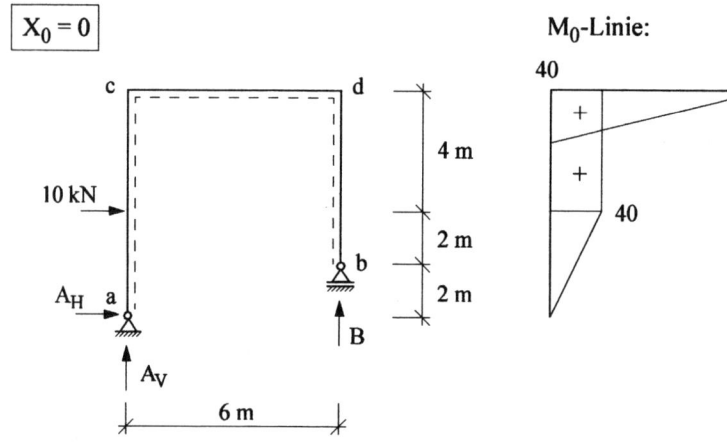

Bild 6.225

Auflagerkräfte: $\Sigma\,H = 0$: $A_H + 10 = 0$; $A_H = -10$ kN
                   $\Sigma\,M_a = 0$: $B \times 6 - 10 \times 4,0 = 0$; $B = 6,67$ kN
                   $\Sigma\,V = 0$: $B + A_V = 0$ $A_V = -6,67$ kN

Durch Kopplung der beiden M-Flächen erhält man die gegenseitige Verdrehung der Verbindungsgeraden $\overline{BC}$ für Lastfall 1: F = 10 kN:

$$E \times I \times \phi_g = \Sigma (M_0 \times M_1 \times l)$$
$$= (6/6 \times 40 \times (-6 \times \sin 45°) = -169{,}71$$

mit: $E_{Stahl} = 2{,}1 \times 10^8$ kN/m² und I = 1,5 × 10⁻⁴ m⁴:

$$\phi_g = -169{,}71 / (2{,}1 \times 10^8 \times 1{,}5 \times 10^{-3})$$
$$\phi_g = -5{,}39 \times 10^{-3} \text{ rad} \times (180 / \Pi)$$
$$\phi_g = -0{,}31°$$

b) Lastfall 2: gleichmäßige Erwärmung des Riegels um T = 60 K

$$E \times I \times \phi_g = \overline{N} \times \alpha_t \times T \times ds \times E \times I$$
$$= -1 \times \sin 45° \times 1{,}2 \times 10^{-5} \times 60 \times 6{,}0 \times 2{,}1 \times 10^8 \times 1{,}5 \times 10^{-3}$$
$$= -962{,}23$$
$$\phi_g = -962{,}23 / (2{,}1 \times 10^8 \times 1{,}5 \times 10^{-3})$$
$$\phi_g = -3{,}05 \times 10^{-3} \text{ rad} \times (180 / \Pi)$$
$$\phi_g = -0{,}18°$$

Bei beiden Lastfällen verdreht sich die Verbindungsgerade $\overline{BC}$ gegen den Uhrzeigersinn.

6.2.4 Stahllichtmast mit vertikaler Belastung

Beim Stahllichtmast mit Rohrquerschnitt $D \times t = 101{,}6 \times 2{,}9$ ist die Horizontalverschiebung der Lichtquelle C zu bestimmen. Das Eigengewicht des Lichtmastes ist zu vernachlässigen.

Anmerkungen: $R = 1500$ mm; $I = 110$ cm^4

Statisches System und Belastung:

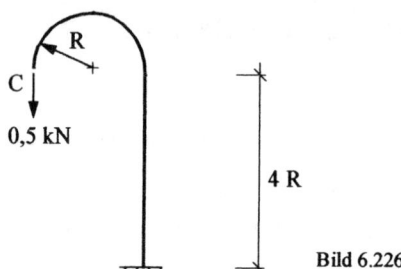

Bild 6.226

Lösung:

Grad der statischen Unbestimmtheit:

$$n = a + v - (3 \times s) = 3 + 0 - (3 \times 1) = \underline{\underline{0}}$$

Das System ist statisch bestimmt.

1. Schnittgrößen infolge tatsächlicher Belastung:

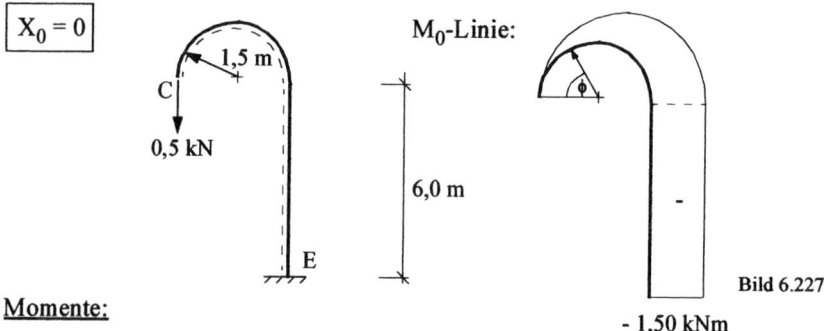

Bild 6.227

M_0-Linie:

- 1,50 kNm

Momente:

Einspannmoment: $M_E = -0{,}5 \times (2 \times 1{,}5) = \underline{1{,}50 \text{ kNm}}$

Die Momentenverteilung auf dem Bogen errechnet sich nach der Gleichung:

$$M = - P \times r \times (1 - \cos \phi) = - 0{,}5 \times 1{,}50 \times (1 - \cos \phi) = - \underline{0{,}75 \times (1 - \cos \phi)}$$

2. *Schnittgrößen infolge virtueller Belastung:*

Um die Horizontalverschiebung der Lichtquelle zu ermitteln, wird an der Spitze des kreisförmig gekrümmten Lichtmastes eine virtuelle Horizontallast der Größe „1" aufgebracht.

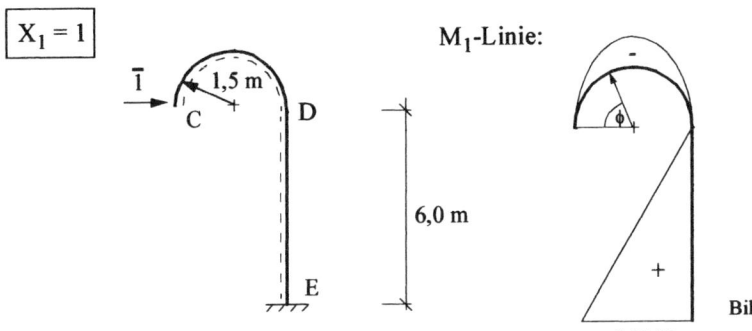

Bild 6.228

<u>Momente:</u>

Einspannmoment: $M_E = 1,0 \times 6,0 = \underline{1,50 \text{ kNm}}$

Bogen: $M = - P \times r \times \sin \phi = - 1,0 \times 1,50 \times \sin\phi = \underline{- 1,50 \times \sin \phi}$

$\phi °$	$M = - 0,75 \times (1 - \cos \phi)$	$M = - 1,50 \times \sin \phi$
0	0	0
20	- 0,0452	- 0,5130
40	- 0,1754	- 0,9642
60	- 0,3750	- 1,2990
80	- 0,6198	- 1,4772
90	- 0,7500	- 1,5000
100	- 0,8800	- 1,4772
120	- 1,1250	- 1,2990
140	- 1,3245	- 0,9642
160	- 1,4548	- 0,5130
180	- 1,5000	0

Tabelle 6.20

Da die Kopplungstafeln in den gebräuchlichen bautechnischen Handbüchern keine Tabellen für kreisförmige Stäbe enthalten, werden die M_0-Linie und die M_1-Linie annähernd der wirklichen Werte der oben stehenden Tabelle gekoppelt. Als Stablänge wird die Bogenlänge des Halbkreises angesetzt.

M_0-Linie M_1-Linie

 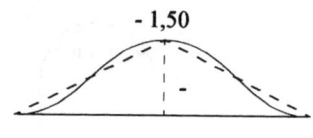

Bild 6.229

Die gestrichelte Linie stellt die gemittelte Momentenfunktion dar. Diese angenäherten Momentenverläufe bilden die Grundlage für die Ermittlung der Verschiebung der Lichtquelle.

<u>Kopplung:</u>

Bogen: $E \times I \times \delta_{C,H} = 4{,}712 / 4 \times (-1{,}50) \times (-1{,}50) = 2{,}65$

Stiel: $E \times I \times \delta_{C,H} = 6{,}0 / 2 \times (-1{,}50) \times 6{,}00 = -27{,}0$

gesamt: $E \times I \times \delta_{C,H} = \underline{-24{,}35}$

mit $E = 2{,}1 \times 10^8$ kN/m^2 und $I = 1{,}1 \times 10^{-6}$ m^4:

$\overleftarrow{\delta_{C,H}} = -24{,}35 / (2{,}1 \times 10^8 \times 1{,}1 \times 10^{-6} \text{ m}^4) = -0{,}105 \text{ m} = \underline{-10{,}5 \text{ cm}}$

Die im gewählten Näherungsverfahren ermittelte Verschiebung der Lichtquelle nach links beträgt rund 10,5 cm.

6.3 Aufgaben mit Lösungshinweisen und Ergebnissen

6.3.1 Rahmentragwerk mit Mittelstütze

Beim dargestellten Rahmentragwerk sind Auflagerkräfte und Schnittgrößen zu bestimmen.

Anmerkungen: Alle Stäbe: $E = 3 \times 10^7$ kN/m^2
Stabquerschnitte: (1), (2), (3), (4): 40/60 cm
(5): 40/40 cm
Verschiebung des Lagers b um 3 cm (nach unten)
Rahmen: $I_1 = I_2 = I_4 = I_5 = 7,2 \times 10^{-3}$ m^4

Statisches System und Belastung:

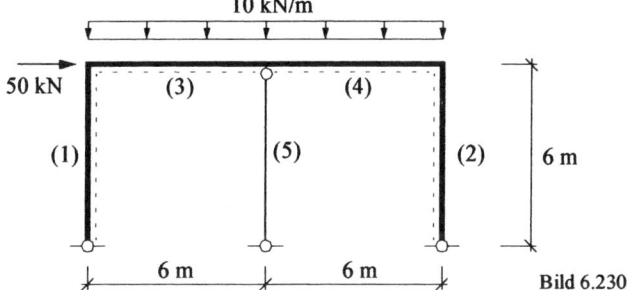

Bild 6.230

Kontrollgrößen:

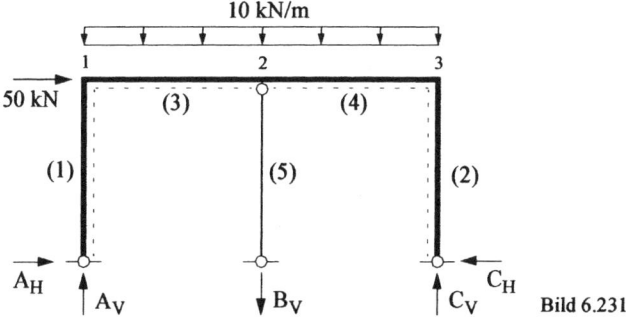

Bild 6.231

$A_H = 54,29$ kN, $A_V = 206,43$ kN, $B_V = 342,86$ kN,
$C_H = 104,29$ kN, $C_V = 256,43$kN
$M_1 = -325,7$ kNm, $M_2 = 732,9$ kNm, $M_3 = -625,7$ kNm

6.3.2 Rahmen mit Gleichlast

Beim dargestellten Rahmentragwerk sind Auflagerkräfte und Schnittgrößen zu bestimmen.

Anmerkungen:
$$E_1 = E_2 = E_3$$
$$I_1 = I_3 = I_0$$
$$I_2 = 2 \times I_0$$

Statisches System und Belastung:

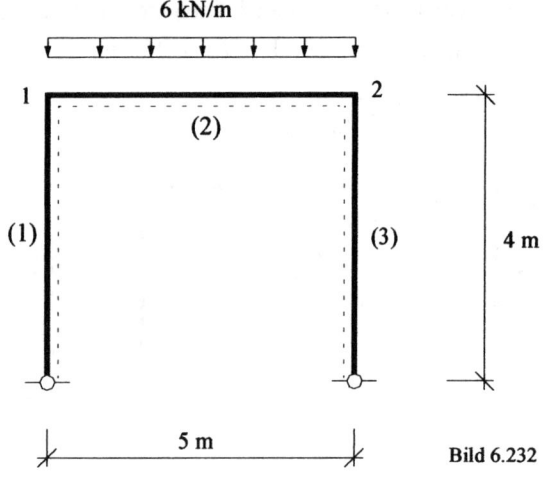

Bild 6.232

Kontrollgrößen: $M_1 = -6$ kNm, $M_2 = -6$ kNm

6.3.3 Rahmentragwerk mit Zugband

Beim dargestellten Rahmentragwerk sind Auflagerkräfte und Schnittgrößen zu bestimmen.

Anmerkungen:

Stäbe 1, 2, 4, 5:
Material: Stahlbeton
$E = 2,1 \times 10^7$ kN/m²
$I_1 = I_2 = 200000$ cm⁴
$I_4 = I_5 = 300000$ cm⁴
$I_2 = 2 \times I_0$

Stab 3:
Material: Stahl
$E = 2,1 \times 10^7$ kN/m²
$A_3 = 2$ cm²

Statisches System und Belastung:

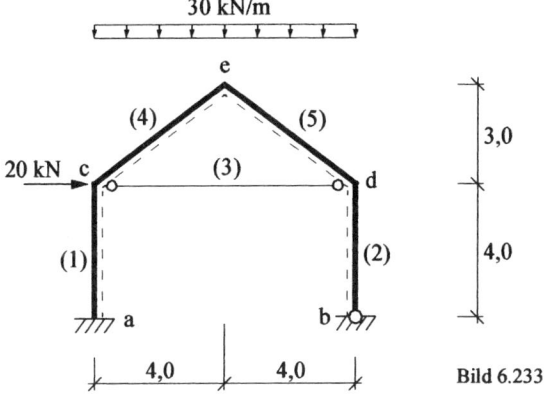

Bild 6.233

Kontrollgrößen:

M-Linie:

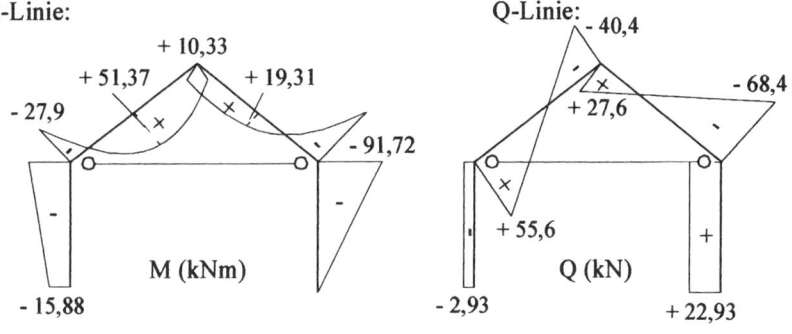

Bild 6.234

6.3.4 Rahmentragwerk mit gemischter Belastung

Beim dargestellten Rahmentragwerk ist die Durchsenkung δ_R für folgende Lastfälle gesucht:

a) p = 10 kN/m
b) H = 20 kN
c) Δb_H = 1 cm

Anmerkungen: Material: Stahl
$$I_1 = 250000 \text{ cm}^4$$
$$I_2 = 400000 \text{ cm}^4$$
$$I_3 = 350000 \text{ cm}^4$$

Statisches System und Belastung:

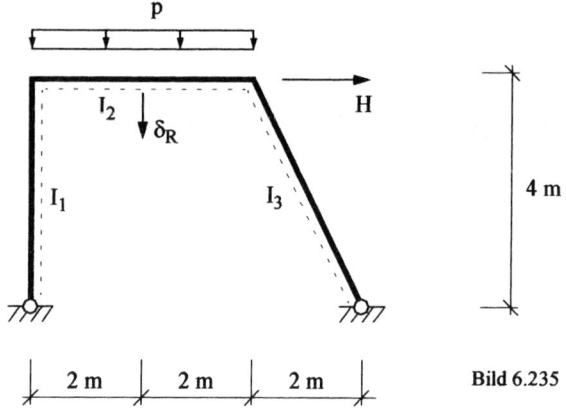

Bild 6.235

Kontrollgrößen:

Durchsenkungen infolge:

a) p = 10 kN/m: δ_R = 0,053 mm

b) H = 20 kN: δ_R = - 0,057 mm

c) Δb_H = 1 cm: δ_R = - 0,151 mm

6.3.5 Dachtragwerk mit Temperatureinfluß

Bestimmen Sie den Verformungszustand des Tragwerks infolge ungleichmäßiger Temperaturänderung $\Delta T = T_u - T_o = -40\ °C$ entlang der Dachschrägen.

Anmerkungen: $h_{Dach} = 0,60\ m$

$\alpha_t = 10^{-5}\ K^{-1}$

$E \times I = 4 \times 10^5\ kNm^2 = const.$

Statisches System und Belastung:

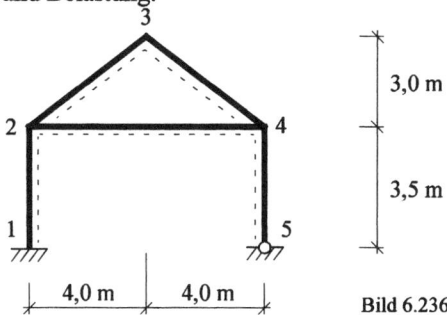

Bild 6.236

Kontrollgrößen:

Momente: $M_1 = M_5 = -95,72\ kNm$, $M_{2,u} = M_{4,u} = 191,35\ kNm$,

$M_{2,r} = M_{4,l} = -41,84\ kNm$, $M_{2,o} = M_{4,o} = 233,192\ kNm$

Durchbiegung:

Stäbe 1-2 und 5-4:

x/l	0,2	0,4	0,6	0,8
δ in mm	0,05	0,14	0,21	0,19

Tabelle 6.21

Stäbe 2-3 und 3-4:

x/l	0,2	0,4	0,6	0,8
δ in mm	- 0,17	- 0,25	- 0,25	- 0,17

Tabelle 6.22

Stab 2-4:

x/l	0,2	0,4	0,5	0,6	0,8
δ in mm	- 0,54	- 0,80	- 0,84	- 0,80	- 0,54

Tabelle 6.23

6.3.6 Gelenkrahmen mit gemischter Belastung

Ermitteln Sie die Verdrehung des Stabes m-n unter der Wirkung der beiden Lasten.

Anmerkungen: $E \times I = const.$

Statisches System und Belastung:

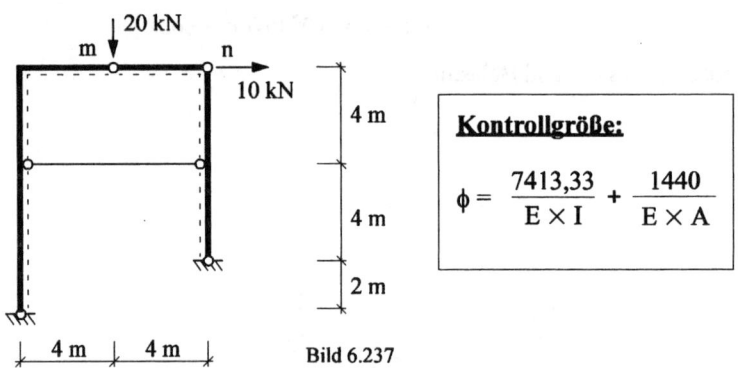

Kontrollgröße:

$$\phi = \frac{7413,33}{E \times I} + \frac{1440}{E \times A}$$

Bild 6.237

6.3.7 Mehrstieliger Rahmen mit Gleichlast

Ermitteln Sie die Momentenlinie des dargestellten Rahmens.

Anmerkungen: $I = const.$

Statisches System und Belastung:

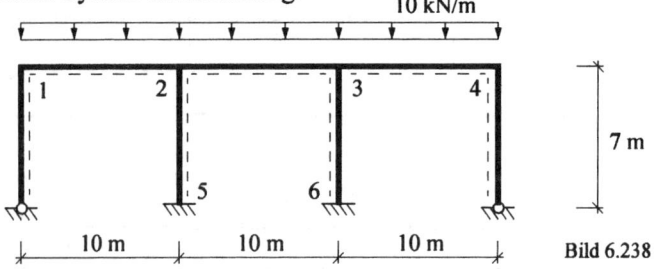

Bild 6.238

Kontrollgrößen:

$M_1 = -44,96$ kNm, $M_{2,l} = -97,15$ kNm, $M_{2,r} = -86,92$ kNm,

$M_{2,u} = 10,23$ kNm, $M_{3,r} = -97,15$ kNm, $M_{3,l} = -86,92$ kNm,

$M_{3,u} = 10,23$ kNm, $M_4 = -44,96$ kNm, $M_5 = M_6 = -5,1$ kNm

6.3.8 Geschlossener Rahmen mit Gleichlast

Ermitteln Sie die Momentenlinie des dargestellten Rahmens.

Anmerkungen: $E \times I$ = const.

Statisches System und Belastung:

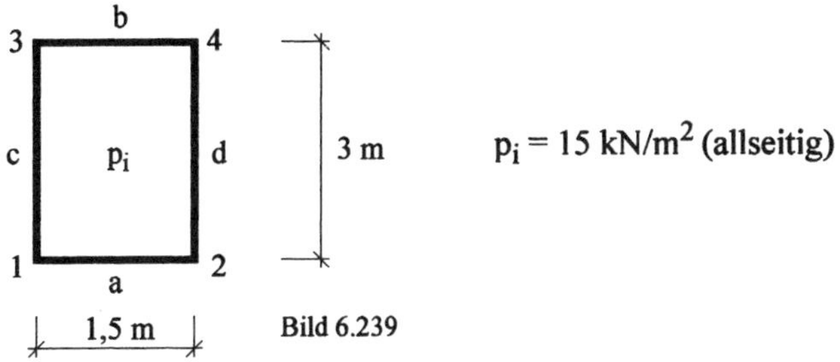

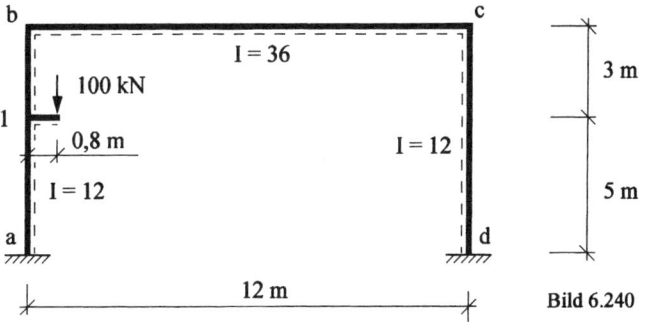

Bild 6.239

Kontrollgrößen: $M_a = M_b = -4{,}22$ kNm, $M_c = M_d = 8{,}44$ kNm
$M_1 = M_2 = M_3 = M_4 = -8{,}44$ kNm

6.3.9 Rahmentragwerk mit Konsollast

Beim dargestellten Rahmentragwerk ist die Momentenlinie zu bestimmen.

Statisches System und Belastung:

Bild 6.240

Kontrollgrößen: $M_a = -4{,}6$ kNm, $M_b = 21{,}5$ kNm, $M_c = -24{,}6$ kNm,
$M_d = 29{,}3$ kNm, $M_{1,u} = -38{,}3$ kNm, $M_{1,o} = 41{,}7$ kNm

7 Symmetrische und antimetrische Tragwerke

7.1 Allgemeines

Ausgangssystem und Ausgangsbelastung:

Ein großer Teil der im Bauwesen vorkommenden Rahmen zeigt einen symmetrischen Aufbau sowohl in den Systemmaßen als auch in den Trägheitsmomenten und Trägerhöhen. Derartige Tragwerke weisen besondere Eigenschaften auf, die in diesem Abschnitt näher betrachtet werden sollen.

Jede beliebige Belastung lässt sich in einen symmetrischen und antimetrischen Teil zerlegen. Wenn man die beiden Belastungen überlagert, so entsteht wieder der vorgegebene Lastfall.

Somit kann man den Rahmen sowohl für den symmetrischen als auch für den antimetrischen Lastfall getrennt berechnen und die Ergebnisse anschließend überlagern.

Bei symmetrischer Belastung weisen Biegemomente und Normalkräfte einen symmetrischen, die Querkraft einen antimetrischen Verlauf auf. Bei antimetrischer Belastung dagegen verlaufen die Biegemomente und Normalkräfte antimetrisch, die Querkräfte symmetrisch.

Diese Kenntnisse vom Schnittkraftverlauf in der Symmetrieachse können zur Vereinfachung der Rechnung verwendet werden. Man braucht nur den halben Rahmen bzw. bei doppelter Symmetrie den von zwei Achsen begrenzten Teil des Rahmens zu betrachten.

In den meisten Fällen ist der Grad der statischen Unbestimmtheit für jede einzelne Belastung kleiner, da die oben angegebenen Schnittkräfte gleich Null sind. Dadurch erhält man leichter zu lösende Gleichungssysteme.

a)

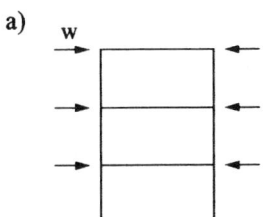

In diesem Fall braucht nur Lastfall Antimetrie betrachtet werden, da bei Lastfall Symmetrie bei dieser Belastung keine Momente entstehen. Die Lasten werden direkt in die Riegel eingeleitet.

Bild 7.241

Lastfall Symmetrie · Lastfall Antimetrie · Statisch bestimmtes Hauptsystem

$(w-s)/2$ · $(w-s)/2$ · $(w+s)/2$ · $(w+s)/2$

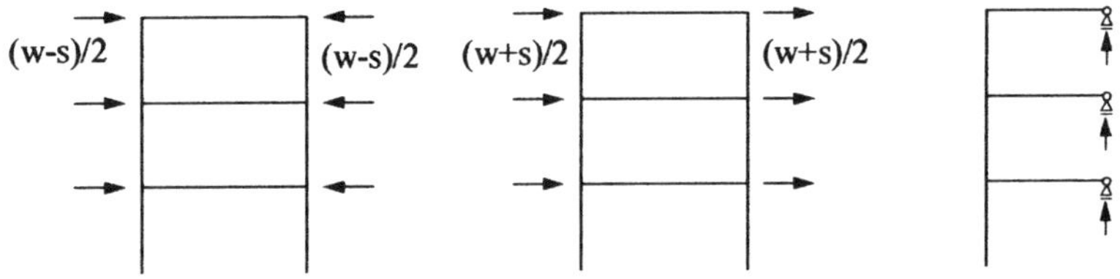

Bild 7.242

b)

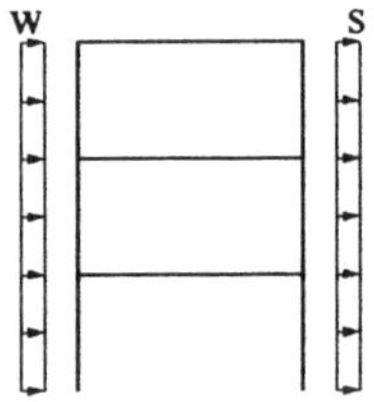

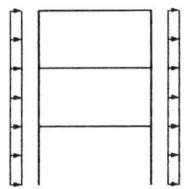

Hier müssen Lastfall Symmetrie und Lastfall Antimetrie betrachtet werden, da beide Lastfälle bei dieser Belastung Momente ergeben. Die M-Linien beider Lastfälle sind zu überlagern.

Bild 7.243

Lastfall Symmetrie · Statisch bestimmtes Hauptsystem

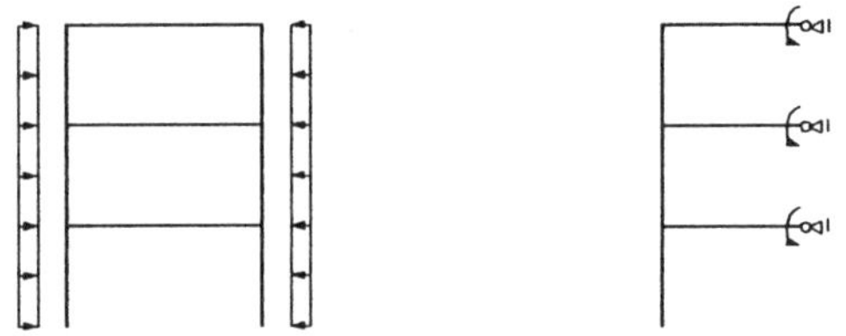

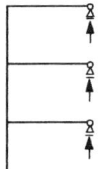

Bild 7.244

Lastfall Antimetrie · Statisch bestimmtes Hauptsystem

Bild 7.245

7.2 Ausführlich erläuterte Aufgaben

7.2.1 Rahmen mit horizontaler Aussteifung

Beim dargestellten Tragwerk sind für den Lastfall Wind die Stützgrößen und der Momentenverlauf zu bestimmen.

Statisches System und Belastung:

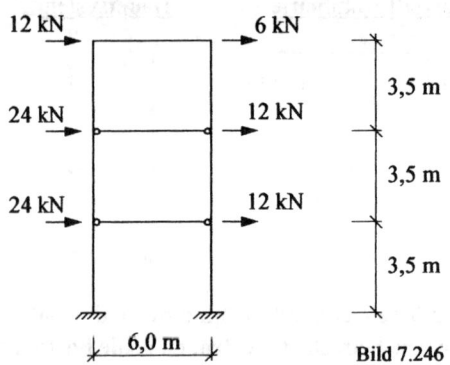

Flächenmomente 2. Grades:

Riegel = 1,2 I
Stiele = 1,0 I

Bild 7.246

Lösung:

Grad der statischen Unbestimmtheit:

$$n = a + v - (3 \times s) = 6 + 8 - (3 \times 3) = \underline{\underline{5}}$$

Das System ist 5-fach statisch unbestimmt. Unter Ausnutzung von Symmetrie / Antimetrie wird dieses System gelöst. Nach Abschnitt 7.1 ergeben sich:

Lastfall Symmetrie   Lastfall Antimetrie

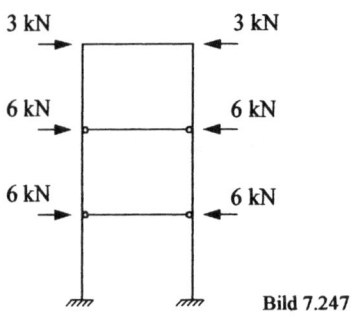

Bild 7.247

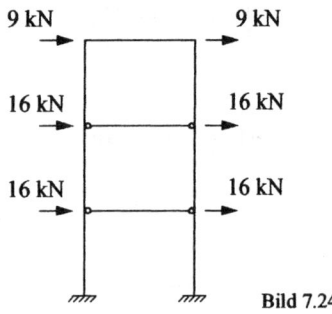

Bild 7.248

In diesem Fall braucht nur Lastfall Antimetrie betrachtet werden, da bei Lastfall Symmetrie bei dieser Belastung keine Momente entstehen. Die Lasten werden direkt in die Riegel eingeleitet.

Antimetrisches System

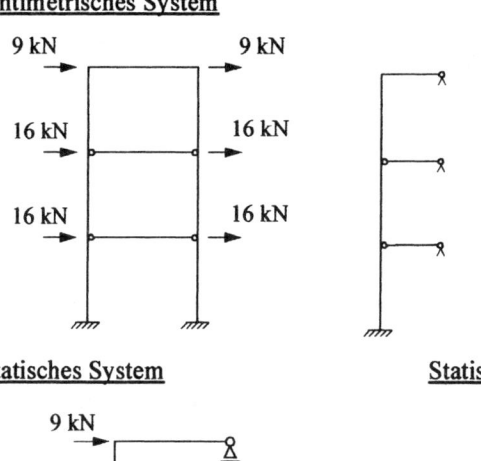

Da am Gelenk M = 0 sein muß, können keine Vertikalkräfte aufgenommen werden.

Bild 7.249

Statisches System

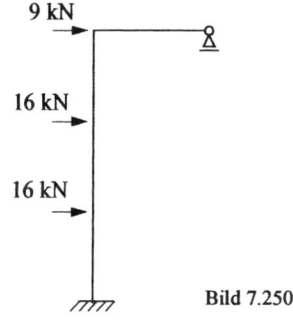

Bild 7.250

Statisch bestimmtes Hauptsystem

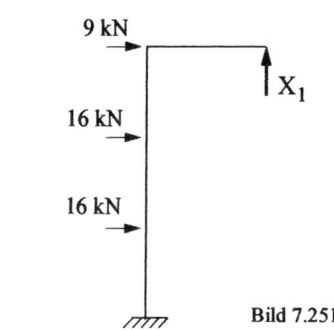

Bild 7.251

$X_0 = 0$

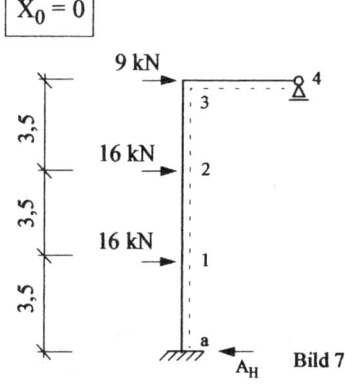

Bild 7.252

M_0 - Linie

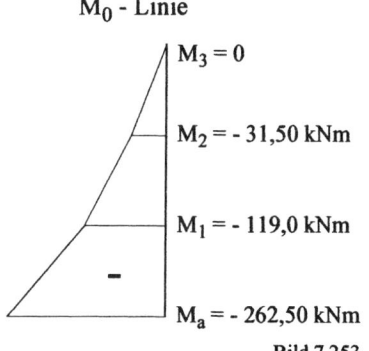

$M_3 = 0$

$M_2 = -31,50$ kNm

$M_1 = -119,0$ kNm

$M_a = -262,50$ kNm

Bild 7.253

$\Sigma M_4 = 0 \dots A_H \times 10{,}5 - 16 \times 7 - 16 \times 3{,}5 = 0$

$\qquad A_H = 41 \text{ kN}$

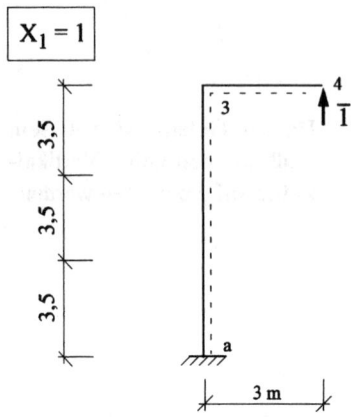

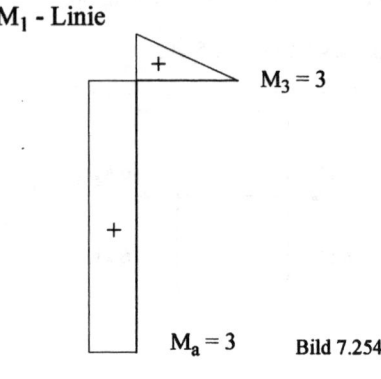

M₁ - Linie

Bild 7.254

Unter Berücksichtigung der verschiedenen Trägheitsmomente ($I_c = I_{Stiel} = 1{,}0$) ergeben sich mit Hilfe der Kopplungstafeln :

$E \times I_c \times \delta_{11} = 3/3 \times 3^2 \times 1/1{,}2 + 10{,}5 \times 3^2 \times 1/1 = 102$

$E \times I_c \times \delta_{10} = 3{,}5/2 \times 3 \times (-31{,}5) \times 1/1 + 3{,}5/2 \times 3 \times (-31{,}5 - 119) \times 1/1$

$\qquad\qquad\quad + 3{,}5/2 \times 3 \times (-119 - 262{,}5) \times 1/1$

$\qquad\qquad\quad = -2958{,}39$

$X_1 = -(-2958{,}39) / 102 = \underline{29{,}00}$

Endgültige Schnittgrößen:

Auflagerkräfte   Momentenverlauf

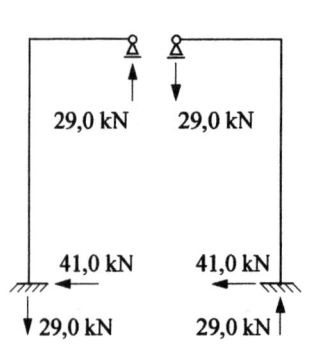

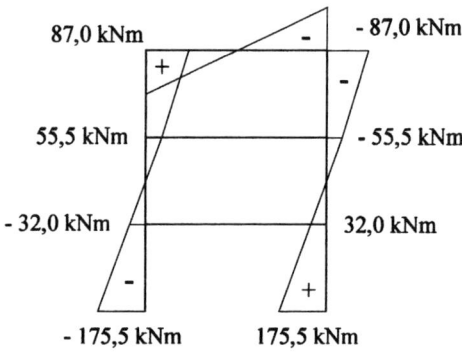

Bild 7.255

7.2.2 Dreigelenkrahmen mit Kragarm

Gesucht ist die gegenseitige Verschiebung der Punkte c und d.

Anmerkung: Kragarmbelastung: P = 300 kN

$$I_S = 1,5 \times 10^{-3} \text{ m}^4; \quad I_R = 2,5 \times 10^{-4} \text{ m}^4$$

$$E = 2,1 \times 10^8 \text{ kN/m}^2$$

Statisches System und Belastung:

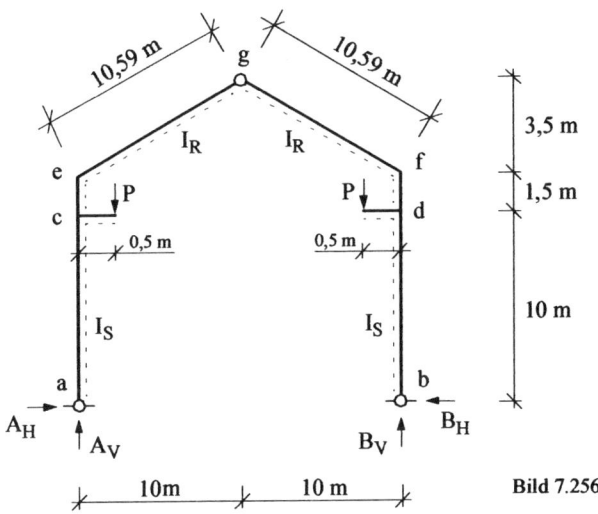

Bild 7.256

Lösung:

Grad der statischen Unbestimmtheit:

$$n = a + v - (3 \times s) = 4 + 2 - (3 \times 2) = \underline{\underline{0}}$$

Das System ist statisch bestimmt.

Auflagerkräfte:

$\Sigma V = 0 \ldots$ $A_V - 300 = 0$ $A_V = 300 \text{ kN}$

$\Sigma M_g = 0 \ldots$ $A_V \times 10 - 300 \times (10 - 0,5) - A_H \times 15 = 0$

                  $A_H = (300 \times 10 - 300 \times 9,5) / 15 = 10 \text{ kN}$

Aufgrund der Tragwerkssymmetrie betragen $B_V = 300 \text{ kN}$ und $B_H = 10 \text{ kN}$.

Aus Symmetriegründen wird bei den folgenden Berechnungen nur eine Tragwerkshälfte betrachtet.

<u>Schnittgrößen infolge tatsächlicher Belastung</u>

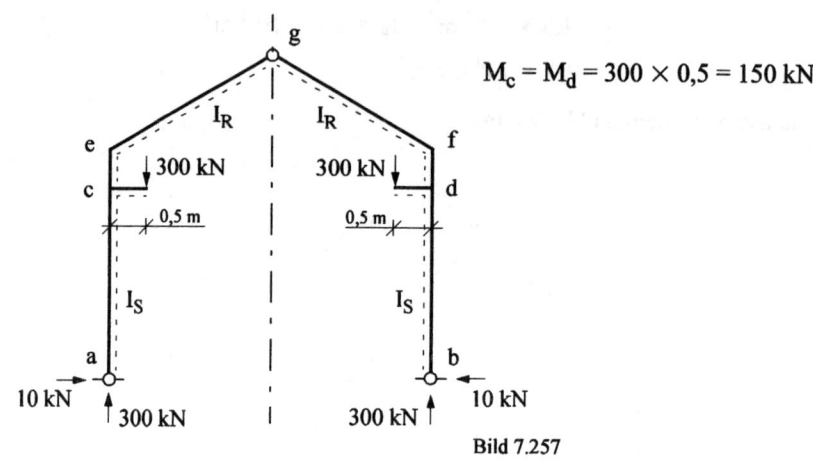

$$M_c = M_d = 300 \times 0,5 = 150 \text{ kN}$$

Bild 7.257

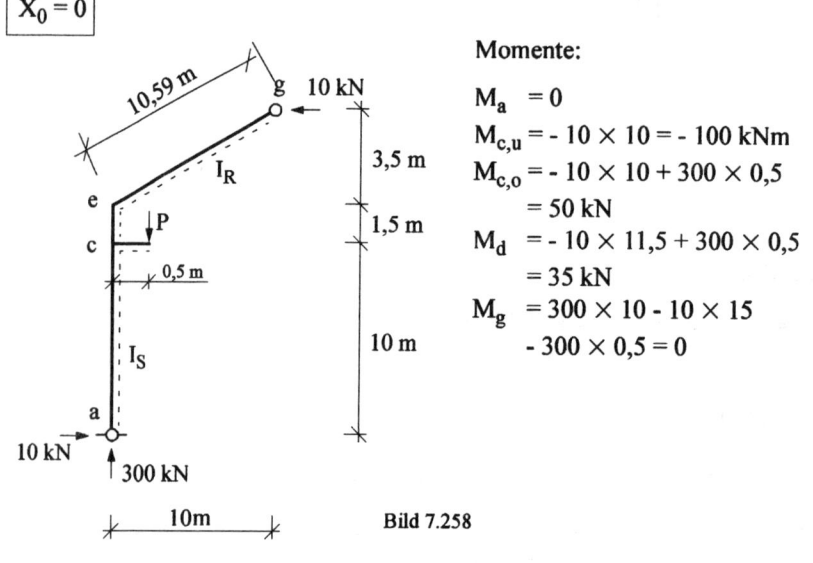

$\boxed{X_0 = 0}$

Momente:

$M_a = 0$

$M_{c,u} = -10 \times 10 = -100 \text{ kNm}$

$M_{c,o} = -10 \times 10 + 300 \times 0,5$
$\quad = 50 \text{ kN}$

$M_d = -10 \times 11,5 + 300 \times 0,5$
$\quad = 35 \text{ kN}$

$M_g = 300 \times 10 - 10 \times 15$
$\quad - 300 \times 0,5 = 0$

Bild 7.258

M_0-Linie:

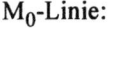

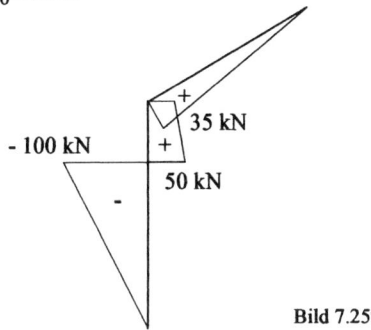

Bild 7.259

<u>Schnittgrößen infolge virtueller Belastung</u>

Um die gegenseitige Verschiebung der Punkte c und d zu ermitteln, werden virtuelle Lasten der Größe „1" an diesen Punkten angetragen (Bild 7.260).

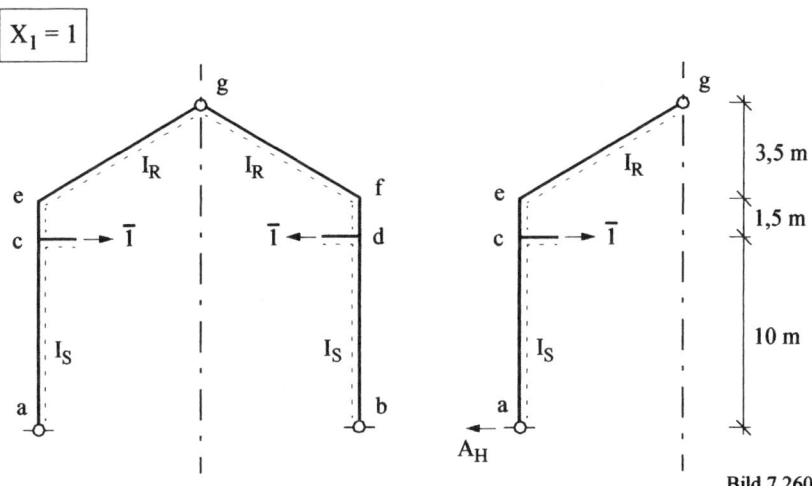

Bild 7.260

Auflagerkräfte:

$\Sigma M_g = 0 \dots \quad A_H \times 15 - 1{,}0 \times 5 = 0$
$$A_H = 1/3$$

Aufgrund der Tragwerkssymmetrie beträgt $B_H = 1/3$.

Momente:

$M_a = 0$
$M_c = 1/3 \times 10 = 3,33$
$M_e = 1/3 \times 11,5 - 1 \times 1,5 = 2,33$
$M_g = 1/3 \times 11,5 - 1 \times 5 = 0$

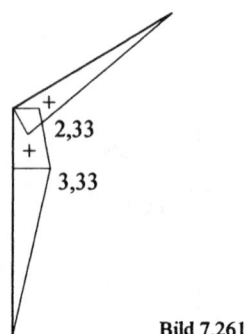

Bild 7.261

Zur Ermittlung der gegenseitigen Verschiebung werden die Zustände $X_0 = 0$ und $X_1 = 1$ miteinander gekoppelt. Als Vergleichsträgheitsmoment wird das Trägheitsmoment des Stiels I_S gewählt.

$$E \times I_c \times \delta_{c\text{-}d} = 10/3 \times (-100) \times 3,33$$
$$+ 1,5/6 \times (50 \times (2 \times 3,33 + 2,33) + 35 \times (2 \times 2,33 + 3,33)$$
$$+ 10,59/3 \times 35 \times 2,33 \times (1,5 \times 10^{-3} / 2,5 \times 10^{-4})$$
$$= 801,09$$

mit $E = 2,1 \times 10^8$ kN/m^2 und $I_c = 1,5 \times 10^{-3}$ m^4 ergibt sich:

$$\delta_{c\text{-}d} = 801,09 / (2,1 \times 10^8 \times 1,5 \times 10^{-3}) = 2,54 \times 10^{-3} \text{ m} = 2,54 \text{ mm}$$

Die gegenseitige Verschiebung der Punkte c und d beträgt 2,54 mm.

7.3 Aufgaben mit Lösungshinweisen und Ergebnissen

7.3.1 Rahmentragwerk mit horizontaler Belastung

Gesucht sind die Stütz- und Schnittgrößen.

Anmerkung: $E \times I$ = const.

Statisches System und Belastung:

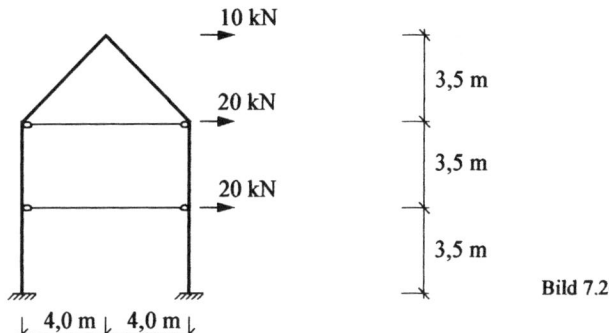

Bild 7.262

Kontrollgrößen:

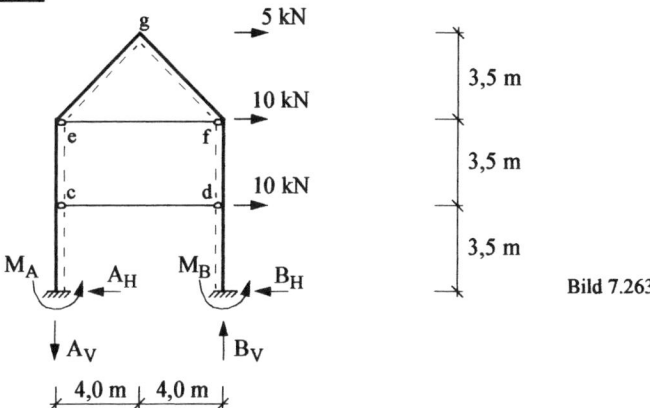

Bild 7.263

Auflagerkräfte: $A_V = B_V = 16{,}59$ kN, $A_H = B_H = 25{,}00$ kN

Momente: $M_A = -91{,}14$ kNm, $M_B = 91{,}14$ kNm, $M_C = -3{,}86$ kNm,

$M_D = 3{,}86$ kNm; $M_E = 48{,}86$ kNm, $M_F = -48{,}86$ kNm,

$M_G = 0$

7.3.2 Stockwerkrahmen mit Gleichlast

Gesucht ist der Momentenverlauf am dargestellten Rahmen.

Anmerkung: $I_1 = I_2 = I_4 = I_5 = I_c$
$I_3 = I_6 = 3 \times I_c$

Statisches System und Belastung:

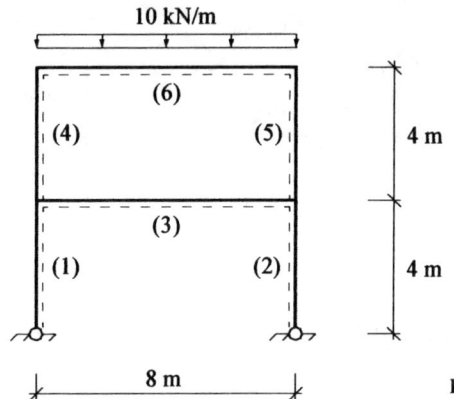

Bild 7.264

Kontrollwerte:

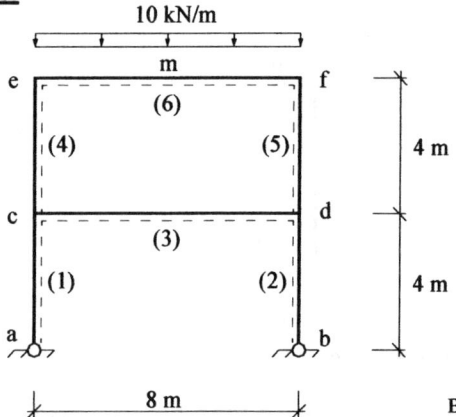

Bild 7.265

Momente: $M_{c,u} = M_{d,u} = 4,84$ kNm, $M_{c,o} = M_{d,o} = 9,68$ kNm,
$M_{c,r} = M_{d,l} = -4,84$ kNm, $M_e = M_f = -29,10$ kNm,
$M_m = 50,90$ kNm

8 Elastisch gelagerte Tragwerke

8.1 Allgemeines

Dieser Abschnitt enthält Aufgaben zu statisch bestimmten und unbestimmten Vollwandträgern sowie Rahmentragwerken unter ruhender Belastung mit elastischer Lagerung (federnde Lagerung). Um Auflager- und Schnittgrößen an statisch bestimmten Systemen zu ermitteln, verwendet man hier ebenfalls die drei Gleichgewichtsbedingungen $\Sigma H = 0$, $\Sigma V = 0$ und $\Sigma M = 0$. Bei statisch unbestimmten Systemen ist wiederum zunächst der Grad der statischen Unbestimmtheit nach der Gleichung: $n = a + g - (3 \times s)$ zu ermitteln.

Die in diesem Kapitel enthaltenen statisch unbestimmten Systeme werden mit Hilfe des Kraftgrößenverfahrens gelöst. Die endgültigen Auflager- und Schnittkräfte des statisch unbestimmten Systems findet man durch Überlagerung der Schnittkraftflächen, wobei hier der Arbeitsanteil der Federn zu berücksichtigen ist. Man unterscheidet dabei Wegfedern und Drehfedern, die in der folgenden Zusammenstellung näher erläutert sind.

Bild 8.266

lineare Beziehung:	Kraft / Verschiebung	Moment / Verdrehung
Federsteifigkeit:	$c_N = P / \Delta s \left[\frac{kN}{m} \right]$	$c_D = M / \Delta \phi \left[\frac{kNm}{1} \right]$
Federnachgiebigkeit:	$\varepsilon_N = \Delta s / P \left[\frac{m}{kN} \right]$	$\varepsilon_D = \Delta \phi / M \left[\frac{1}{kNm} \right]$
Arbeitsgleichung:	$\delta = ... + C \times \overline{C} \times \varepsilon_N$	$\phi = ... + C \times \overline{C} \times \varepsilon_D$

Die Auswertung erfolgt mit Hilfe von Integraltafeln (Kopplungstafeln), die in bautechnischen Zahlentafeln (z.B. Schneider, Wendehorst) zu finden sind.

8.2 Ausführlich erläuterte Aufgaben

8.2.1 Zweifeldträger mit Gleichlast

Stellen Sie den Verlauf der Schnittgrößen M(x) und Q(x) über die Trägerlänge dar!

Anmerkung: $E \times I = 52300 \ kN/m^2$
                Federsteifigkeit = 36000 kN/m

Statisches System und Belastung:

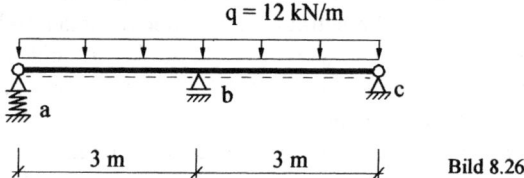

q = 12 kN/m

a   b   c

3 m   3 m   Bild 8.267

Lösung:

Grad der statischen Unbestimmtheit:

$$n = a + v - (3 \times s) = 4 + 0 - (3 \times 1) = \underline{\underline{1}}$$

Das System ist 1-fach statisch unbestimmt. Als Überzählige wird ein Doppelmoment im Punkt b angesetzt (Bild 8.268).

Statisch bestimmtes Hauptsystem:

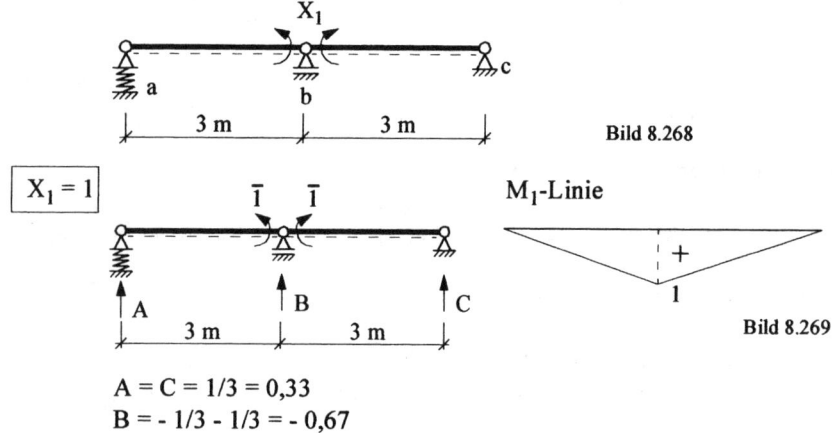

X_1

a   b   c

3 m   3 m   Bild 8.268

$X_1 = 1$ $\overline{1}$ $\overline{1}$ M_1-Linie

a   b   c

+

1

A   B   C

3 m   3 m   Bild 8.269

A = C = 1/3 = 0,33
B = - 1/3 - 1/3 = - 0,67

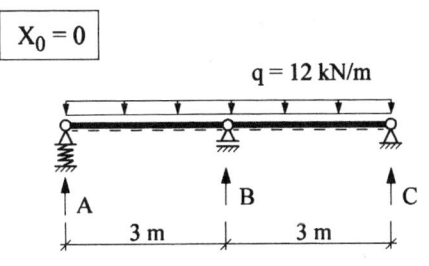

$X_0 = 0$

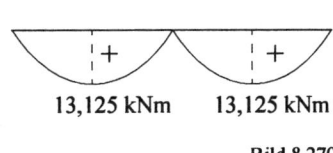

M_0-Linie

13,125 kNm 13,125 kNm

Bild 8.270

$A = 12 \times 3{,}0/2 = 18$ kN
$B = 12 \times 3{,}0/2 + 12 \times 3{,}0/2 = 36$ kN
$C = 12 \times 3{,}0/2 = 18$ kN

Unter Anwendung der Kopplungstafeln erhält man (*Federanteil kursiv*):

$E \times I \times \delta_{11} = 6/3 \times 1^2 + 0{,}33^2 \times 2{,}78 \times 10^{-5} \times 5{,}23 \times 10^4 = \underline{\underline{2{,}16}}$

$E \times I \times \delta_{10} = 2 \times (3/3 \times 13{,}125 \times 1)$
$\qquad + 18 \times 0{,}33 \times 2{,}78 \times 10^{-5} \times 5{,}23 \times 10^4$
$\qquad = \underline{\underline{52{,}42}}$

$X_1 = -52{,}42 / 2{,}16 = \underline{\underline{-24{,}27}}$

Auflagerkräfte:

$A = 18 - 24{,}27 \times 0{,}33 = 9{,}91$ kN;
$B = 36 - 24{,}27 \times (-0{,}67) = 52{,}18$ kN;
$C = 18 - 24{,}27 \times 0{,}33 = 9{,}91$ kN

Momente:

$M_b = X_1 = -24{,}27$ kNm

Aufgrund der Gleichlast ergibt sich zwischen den Auflagern ein parabelförmiger Momentenverlauf.

Q-Linie:

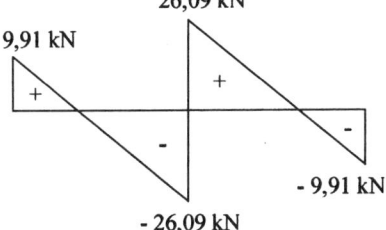

26,09 kN

9,91 kN

- 9,91 kN

- 26,09 kN

M-Linie:

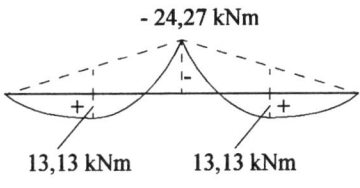

- 24,27 kNm

13,13 kNm 13,13 kNm

Bild 8.271

8.2.2 Dreifeldträger mit gemischter Belastung

Berechnen Sie die Stütz- und Schnittgrößen des dargestellten Trägers.

Anmerkung: $\varepsilon_{N1} = 5\ m^3/\,EI$

$\varepsilon_{N2} = 10\ m^3/\,EI$

Statisches System und Belastung:

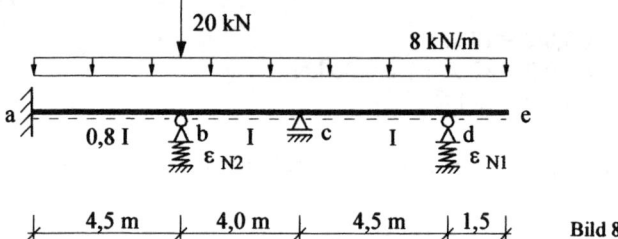

Bild 8.272

Lösung:

Grad der statischen Unbestimmtheit:

$$n = a + v - (3 \times s) = 6 + 0 - (3 \times 1) = \underline{\underline{3}}$$

Das System ist 3-fach statisch unbestimmt. Als Überzählige werden das Doppelmoment M_b, das Einspannmoment M_a und die Auflagerkraft C angesetzt.

Statisch bestimmtes Hauptsystem:

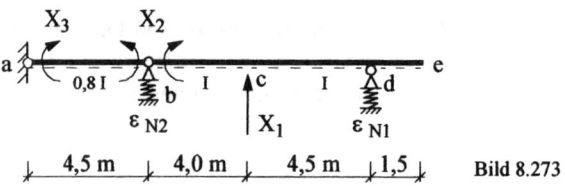

Bild 8.273

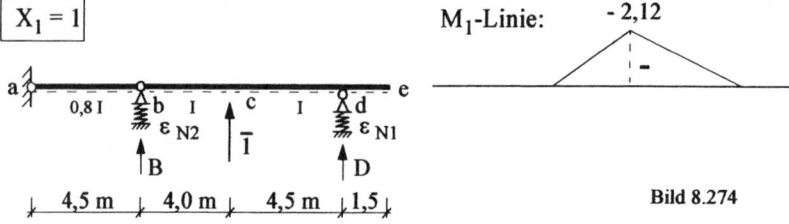

Bild 8.274

Auflagerkräfte: $B = - 1 \times 4,5 / 8,5 = - 0,529$
                   $D = - 1 \times 4,0 / 8,5 = - 0,471$

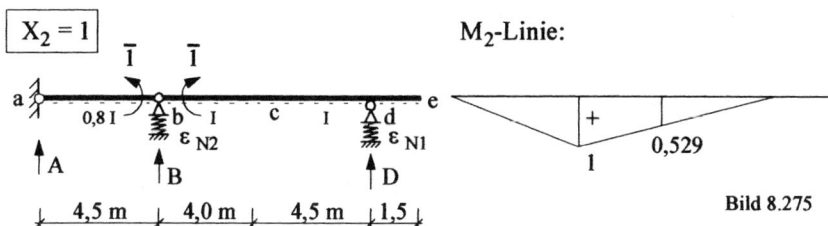

M_2-Linie:

Bild 8.275

Auflagerkräfte: $A = 1 / 4,5 = 0,222$
                   $B = - 1 / 4,5 - 1/8,5 = - 0,340$
                   $D = 1 / 8,5 = 0,118$

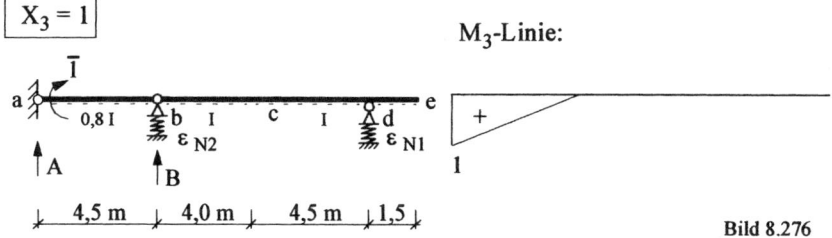

M_3-Linie:

Bild 8.276

Auflagerkräfte: $A = - 1 / 4,5 = - 0,222$
                   $B = 1 / 4,5 = 0,222$

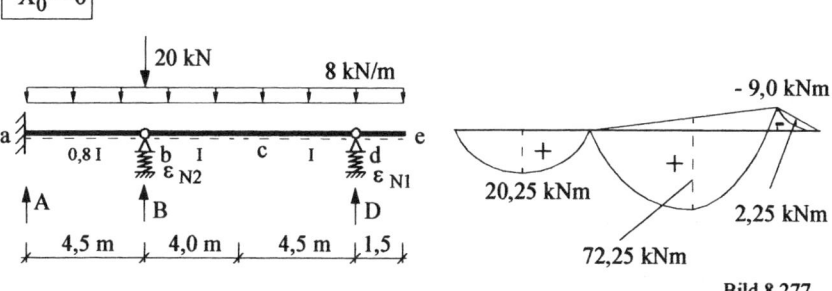

Bild 8.277

Auflagerkräfte: $A = 8 \times 4,5 / 2 = 18$ kN
                   $B = 8 \times 4,5 / 2 + 20 + 8 / 2 \times (8,5 - 1,5^2 / 8,5) = 70,94$ kN
                   $D = 8 / 2 \times (8,5 + 1,5^2 / 8,5 + 2 \times 1,5) = 47,06$ kN

Unter Anwendung der Kopplungstafeln erhält man (*Federanteil kursiv*):

$E \times I \times \delta_{11}$ = $8{,}5/3 \times (-2{,}12)^2 + (- 0{,}471)^2 \times 5 + (- 0{,}529)^2 \times 10 = 16{,}64$

$E \times I \times \delta_{22}$ = $4{,}5/3 \times 1^2 \times (1/0{,}8) + 8{,}5/3 \times 1^2$

$+ 0{,}118^2 \times 5 + (- 0{,}34)^2 \times 10 = 5{,}93$

$E \times I \times \delta_{33}$ = $4{,}5/3 \times 1^2 \times (1/0{,}8) + 0{,}222^2 \times 10 = 2{,}37$

$E \times I \times \delta_{12}$ = $E \times I \times \delta_{21} = 8{,}5/6 \times (-2{,}12) \times 1 \times (1 + 4{,}5/8{,}5)$

$+ 0{,}118 \times (- 0{,}471) \times 5 + (- 0{,}529) \times (- 0{,}34) \times 10 = - 3{,}67$

$E \times I \times \delta_{13}$ = $E \times I \times \delta_{31} = 0 + (- 0{,}529) \times 0{,}222 \times 10 = - 1{,}17$

$E \times I \times \delta_{23}$ = $E \times I \times \delta_{32} = 4{,}5/6 \times 1^2 \times (1/0{,}8)$

$+ 0{,}222 \times (- 0{,}34) \times 10 = 0{,}18$

$E \times I \times \delta_{10}$ = $8{,}5/6 \times (-2{,}12) \times (- 9) \times (1 + 4{,}5/8{,}5)$

$+ 8{,}5/3 \times (-2{,}12) \times 72{,}25 \times (1 + (4 \times 4{,}5/8{,}5^2))$

$+ 47{,}06 \times (- 0{,}471) \times 5 + 70{,}94 \times (- 0{,}529) \times 10 = - 988{,}45$

$E \times I \times \delta_{20}$ = $4{,}5/3 \times 1 \times 20{,}25 \times (1/0{,}8) + 8{,}5/6 \times 1 \times (- 9)$

$+ 8{,}5/3 \times 1 \times 72{,}25$

$+ 47{,}06 \times 0{,}118 \times 5 + 70{,}94 \times (- 0{,}34) \times 10 = 16{,}51$

$E \times I \times \delta_{30}$ = $4{,}5/3 \times 1 \times 20{,}25 \times (1/0{,}8) + 70{,}94 \times 0{,}222 \times 10 = 195{,}46$

Gleichungssystem: (I): $16{,}64 \times X_1 + (- 3{,}07) \times X_2 + (- 1{,}17) \times X_3 = 988{,}45$

(II): $(- 3{,}07) \times X_1 + 5{,}93 \times X_2 + 0{,}18 \times X_3 = - 16{,}51$

(III): $(- 1{,}17) \times X_1 + 0{,}18 \times X_2 + 2{,}37 \times X_3 = - 195{,}46$

Nach Lösen des Gleichungssystems ergeben sich:

$X_1 = 61{,}20; \quad X_2 = 30{,}56; \quad X_3 = - 54{,}58$

Auflagerkräfte:

$A = 18 + 0 + 0{,}222 \times 30{,}56 + (- 0{,}222) \times (- 54{,}58) = 36{,}90$ kN;

$B = 70{,}94 + (- 0{,}529) \times 61{,}20 + (- 0{,}34) \times 30{,}56$

$+ 0{,}222 \times (- 54{,}58) = 16{,}06$ kN;

$C = 0 + 1 \times 61{,}20 + 0 + 0 = 61{,}20$ kN;

$D = 47{,}06 + (- 0{,}471) \times 61{,}20 + 0{,}118 \times 30{,}56 + 0 = 21{,}84$ kN

Momente:

$M_a = X_3 = -54,58$ kNm

$M_b = X_2 = 30,56$ kNm

$M_c = -2,12 \times 61,20 + 0,529 \times 30,56 + 0 + 68,01 = -45,57$ kNm

$M_d = -9,0$ kNm

Aufgrund der Gleichlast ergibt sich zwischen den Auflagern ein parabelförmiger Momentenverlauf.

M-Linie:

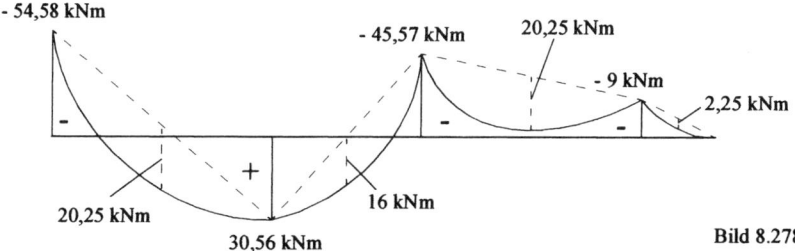

Bild 8.278

Q-Linie:

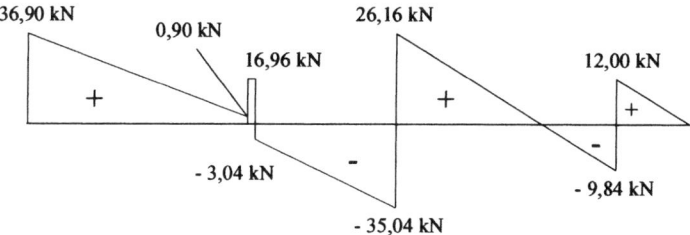

Bild 8.279

8.2.3 Rahmentragwerk mit Gleichlast

Berechnen Sie die Stütz- und Schnittgrößen des dargestellten Trägers.

Anmerkung: $E \times I = 10^4 \text{ kNm}^2$

$\varepsilon_N = 10 \text{ m}^{-3} / \text{kN}$

Statisches System und Belastung:

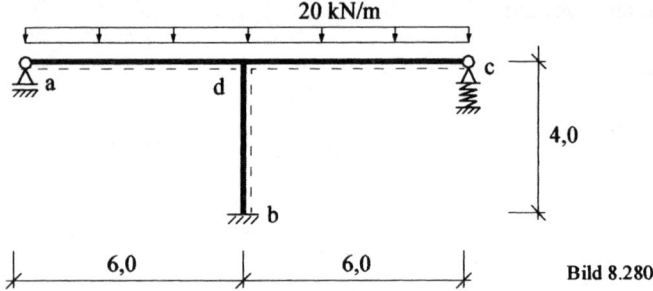

Bild 8.280

Lösung:

Grad der statischen Unbestimmtheit:

$$n = a + v - (3 \times s) = 5 + 0 - (3 \times 1) = \underline{\underline{2}}$$

Das System ist 2-fach statisch unbestimmt. Als Überzählige werden ein Doppelmoment im Punkt d sowie das Einspannmoment M_b angesetzt (Bild 8.281).

Statisch bestimmtes Hauptsystem:

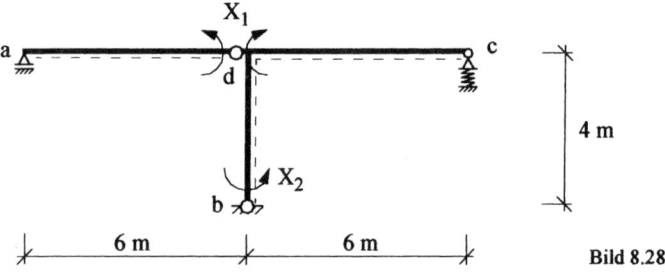

Bild 8.281

$\boxed{X_1 = 1}$ M_1-Linie

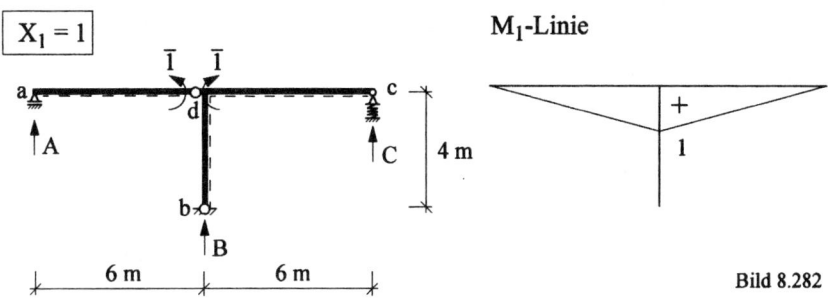

Bild 8.282

Auflagerkräfte: $A = 1/6$; $B = -1/6 - 1/6 = -1/3$; $C = 1/6$

$\boxed{X_2 = 1}$ M_2-Linie

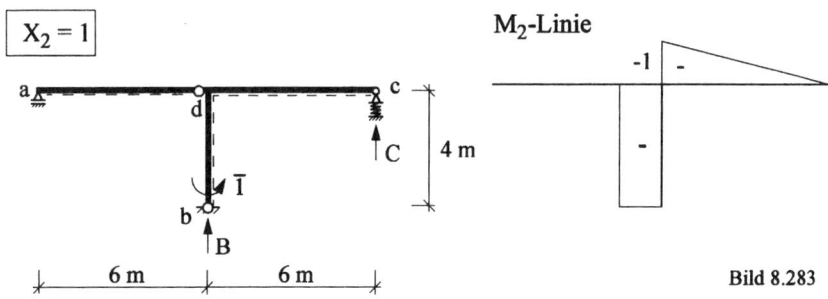

Bild 8.283

Auflagerkräfte: $B = 1/6$; $C = -1/6$

$\boxed{X_0 = 0}$ M_0-Linie

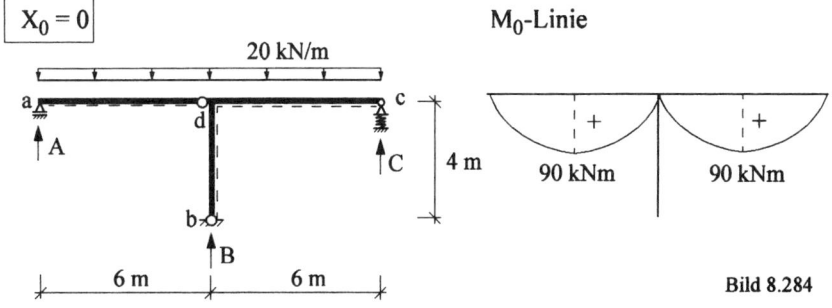

Bild 8.284

Auflagerkräfte: $B = 30 \times 6/2 = 90$ kN; $C = 30 \times 6/2 = 90$ kN

Unter Anwendung der Kopplungstafeln erhält man (*Federanteil kursiv*):

$E \times I \times \delta_{11} = 12/3 \times 1^2 + (1/6)^2 \times 10^4 \times 10^{-3} = 4,28$

$E \times I \times \delta_{12} = 6/3 \times 1 \times (-1) + (1/6) \times (-1/6) \times 10^4 \times 10^{-3} = -2,28$

$E \times I \times \delta_{22} = 6/3 \times (-1)^2 + 4 \times (-1)^2 + (-1/6)^2 \times 10^4 \times 10^{-3} = 6,28$

$E \times I \times \delta_{10} = 6/3 \times 90 \times 1 + 6/3 \times 90 \times 1 + 60 \times 1/6 \times 10^4 \times 10^{-3} = 460$

$E \times I \times \delta_{20} = 6/3 \times 90 \times (-1) + 60 \times (-1/6) \times 10^4 \times 10^{-3} = -280$

Gleichungssystem: (I): $4,28 \times X_1 - 2,28 \times X_2 = -460$
                       (II): $-2,28 \times X_1 + 6,28 \times X_2 = 280$

Nach Lösen des Gleichungssystems ergeben sich: $X_1 = -103,80$; $X_2 = 6,90$

Auflagerkräfte: $A = 60 + 1/6 \times (-103,80) = 42,70$ kN
                      $B = 120 + (-1/3) \times (-103,80) + (1/6) \times 6,90 = 155,75$ kN
                      $C = 60 + 1/6 \times (-103,80) + (-1/6) \times 6,90 = 41,55$ kN

Momente: $M_b = X_2 = 6,90$ kNm
               $M_d = X_1 = -103,80$ kNm

M-Linie: **N-Linie:**

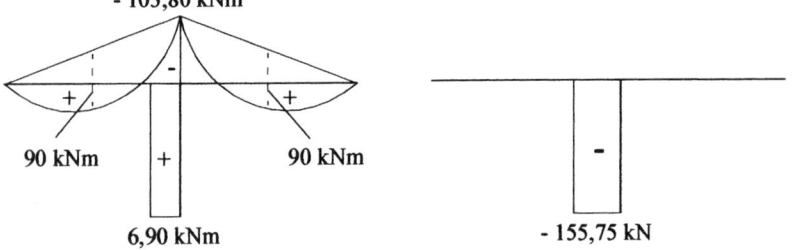

Q-Linie:

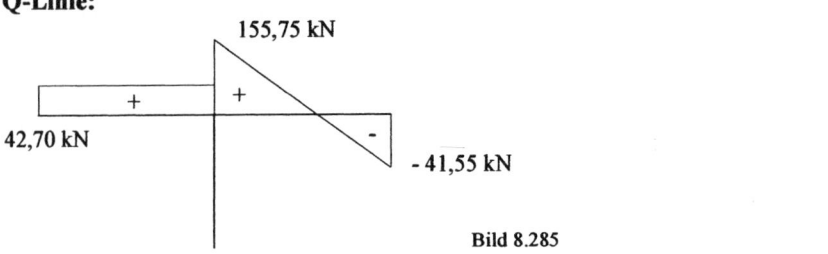

Bild 8.285

8.2.4 Rahmentragwerk mit halbseitiger Belastung

Berechnen Sie die Stütz- und Schnittgrößen des dargestellten Trägers.

Anmerkung: $E_1 = E_2 = E_3 = E_0 = 3 \times 10^7 \text{ kN/m}^2$

$I_1 = I_2 = I_0 = 7{,}2 \times 10^{-3} \text{ m}^4$

$I_3 = 4{,}8 \times 10^{-3} \text{ m}^4$

$\varepsilon_N = 4 \times 10^{-5} \text{ m/ kN}$

Senkung des Lagers b um 1,5 cm

Statisches System und Belastung:

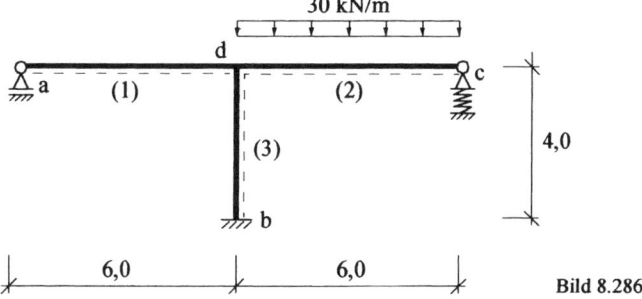

Bild 8.286

Lösung:

Grad der statischen Unbestimmtheit:

$$n = a + v - (3 \times s) = 5 + 0 - (3 \times 1) = \underline{\underline{2}}$$

Das System ist 2-fach statisch unbestimmt. Als Überzählige werden ein Doppelmoment im Punkt d sowie das Einspannmoment M_b angesetzt (Bild 8.287).

Statisch bestimmtes Hauptsystem:

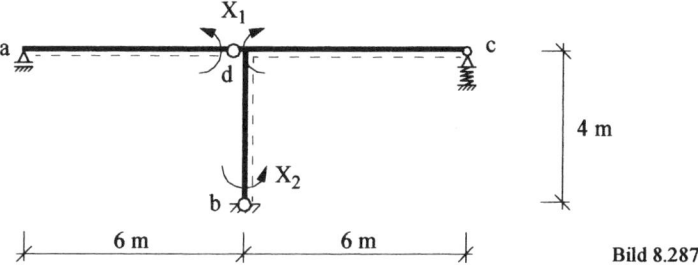

Bild 8.287

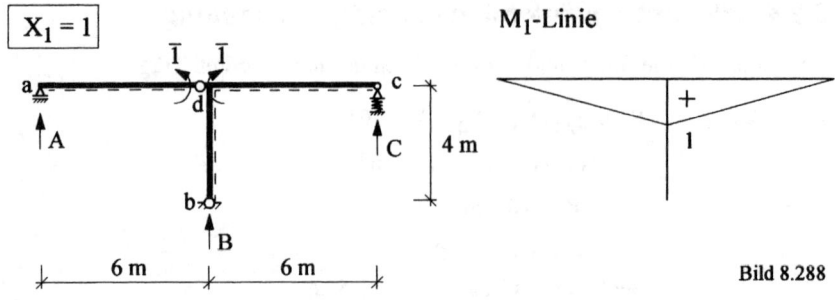

Auflagerkräfte: $A = 1/6$; $B = -1/6 - 1/6 = -1/3$; $C = 1/6$

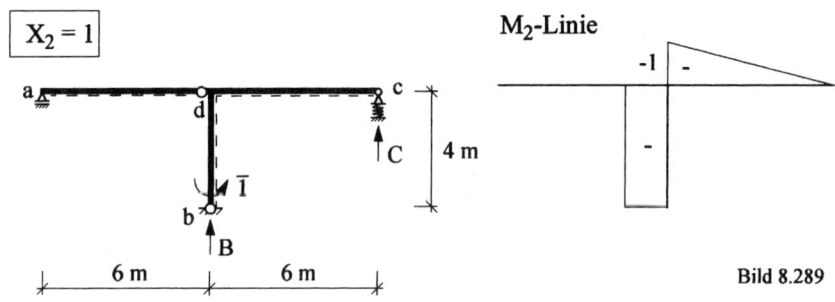

Auflagerkräfte: $B = 1/6$; $C = -1/6$

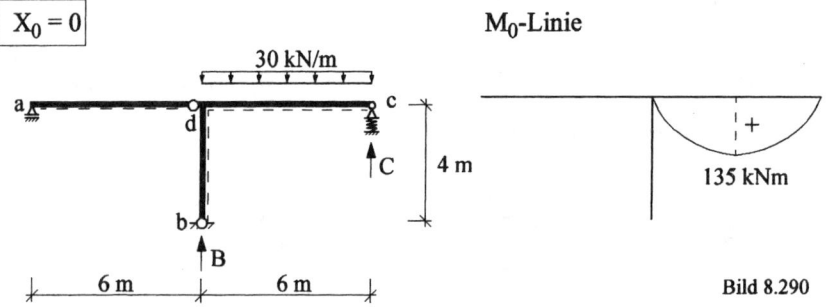

Auflagerkräfte: $B = 30 \times 6/2 = 90$ kN; $C = 30 \times 6/2 = 90$ kN

Unter Anwendung der Kopplungstafeln erhält man (*Federanteil kursiv* und **Stützsenkungsanteil fett**):

$E \times I \times \delta_{11}$ = $12/3 \times 1^2 + (1/6)^2 \times 3 \times 10^7 \times 7{,}2 \times 10^{-3} \times 4 \times 10^{-5}$ = 4,24

$E \times I \times \delta_{12}$ = $6/3 \times 1 \times (-1)$

$\qquad + (1/6) \times (-1/6) \times 3 \times 10^7 \times 7{,}2 \times 10^{-3} \times 4 \times 10^{-5}$ = - 2,24

$E \times I \times \delta_{22}$ = $6/3 \times (-1)^2 + 4 \times (-1)^2 \times (7{,}2 / 4{,}8)$

$\qquad + (-1/6)^2 \times 3 \times 10^7 \times 7{,}2 \times 10^{-3} \times 4 \times 10^{-5}$ = 8,24

$E \times I \times \delta_{10}$ = $6/3 \times 135 \times 1 + 90 \times 1/6 \times 3 \times 10^7 \times 7{,}2 \times 10^{-3} \times 4 \times 10^{-5}$

$\qquad$ **+ (-1/3) × 3 × 10^7 × 7,2 × 10^{-3} × 0,015** = - 680,40

$E \times I \times \delta_{20}$ = $6/3 \times 135 \times (-1)$

$\qquad + 90 \times (-1/6) \times 3 \times 10^7 \times 7{,}2 \times 10^{-3} \times 4 \times 10^{-5}$

$\qquad$ **+ (1/6) × 3 × 10^7 × 7,2 × 10^{-3} × 0,015** = 140,40

Gleichungssystem: (I): $4{,}24 \times X_1 - 2{,}24 \times X_2 = 680{,}40$

$\qquad\qquad\qquad$ (II): $- 2{,}24 \times X_1 + 8{,}24 \times X_2 = -140{,}40$

Nach Lösen des Gleichungssystems ergeben sich: $X_1 = 176{,}85$; $X_2 = 31{,}01$

Auflagerkräfte: A = 1/6 × 176,85 = 29,48 kN

$\qquad\qquad\qquad$ B = 90 + 176,85 × (- 1/3) + 31,01 × (1/6) = 36,22 kN

$\qquad\qquad\qquad$ C = 90 + 176,85 × (1/6) + 31,01 × (- 1/6) = 114,31 kN

M-Linie: **N-Linie:**

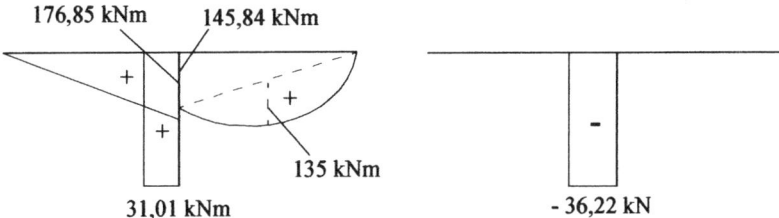

Q-Linie:

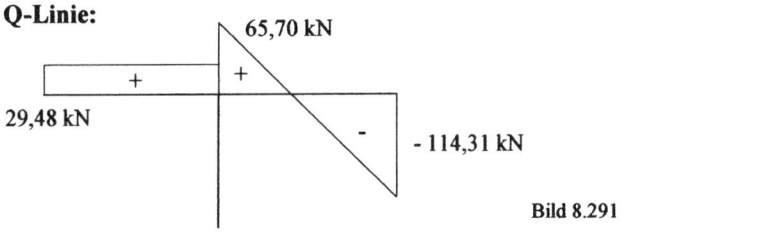

Bild 8.291

8.2.5 Zweifeldträger mit abgeknicktem Kragarm

Berechnen Sie die Stütz- und Schnittgrößen des dargestellten Trägers.

Anmerkung:
$$E_1 = E_2 = E_3 = E_0 = 2,1 \times 10^8 \text{ kN/m}^2$$
$$I_1 = I_2 = I_0 = 15,68 \times 10^{-5} \text{ m}^4$$
$$I_3 = 9,8 \times 10^{-5} \text{ m}^4$$
$$\varepsilon_N = 2,5 \times 10^{-4} \text{ m/ kN}$$

Statisches System und Belastung:

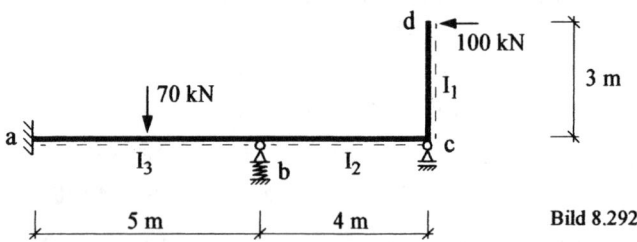

Bild 8.292

Lösung:

Grad der statischen Unbestimmtheit:

$$n = a + v - (3 \times s) = 5 + 0 - (3 \times 1) = \underline{\underline{2}}$$

Das System ist 2-fach statisch unbestimmt. Als Überzählige werden das Doppelmoment M_b und das Einspannmoment M_a angesetzt (Bild 8.293)

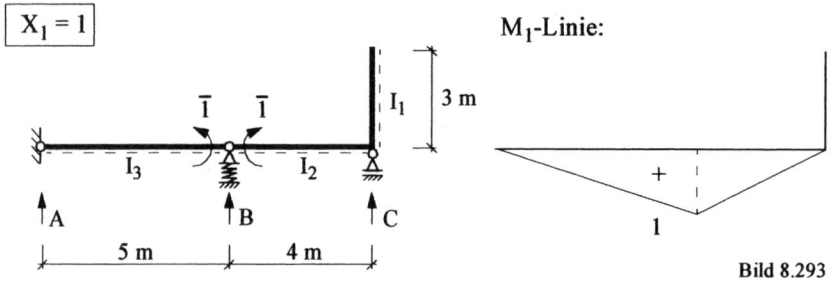

Bild 8.293

Auflagerkräfte: $A = 1/5,0 = 0,20$
$$B = -1/5 - 1/4 = -0,45$$
$$D = 1/4 = 0,25$$

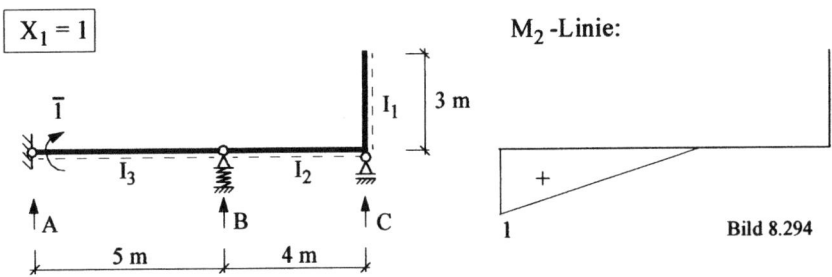

$X_1 = 1$ M_2 -Linie:

Bild 8.294

Auflagerkräfte: $A = -1/5{,}0 = -0{,}20$
                       $B = 1/5 = 0{,}20$

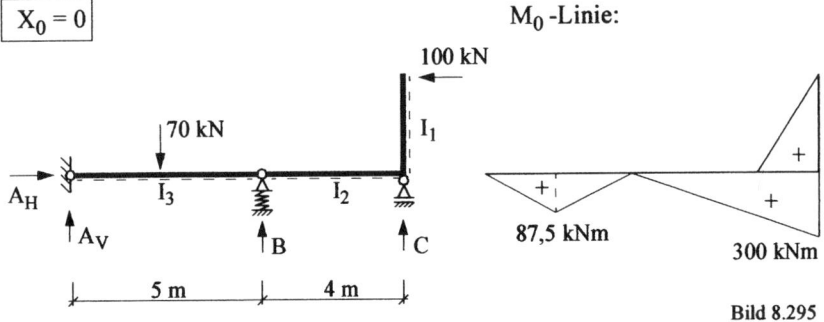

$X_0 = 0$ M_0 -Linie:

Bild 8.295

Auflagerkräfte: $A_H = 100$ kN
                    $A_V = 70/2 = 35$ kN
                    $B = 70/2 + 100 \times 3{,}0/4{,}0 = 110$ kN
                    $C = -100 \times 3{,}0/4{,}0 = -75$ kN

Unter Anwendung der Kopplungstafeln erhält man (*Federanteil kursiv*):

$$E \times I \times \delta_{11} = 5/3 \times 1^2 \times (15{,}68 / 9{,}8) + 4/3 \times 1^2$$
$$+ \mathit{(-0{,}45)^2 \times 2{,}1 \times 10^8 \times 15{,}68 \times 10^{-5} \times 2{,}5 \times 10^{-4}} = 5{,}667$$

$$E \times I \times \delta_{22} = 5/3 \times 1^2 \times (15{,}68 / 9{,}8)$$
$$+ \mathit{0{,}20^2 \times 2{,}1 \times 10^8 \times 15{,}68 \times 10^{-5} \times 2{,}5 \times 10^{-4}} = 2{,}996$$

$$E \times I \times \delta_{12} = E \times I \times \delta_{21} = 5/6 \times 1 \times 1 \times (15{,}68 / 9{,}8)$$
$$+ \mathit{0{,}20 \times (-0{,}45) \times 2{,}1 \times 10^8 \times 15{,}68 \times 10^{-5}}$$
$$\mathit{\times 2{,}5 \times 10^{-4}} = 0{,}592$$

$E \times I \times \delta_{10}$ $= 5/4 \times 87,5 \times 1 \times (15,68 / 9,8) + 4/6 \times 300 \times 1$
$+ 110 \times (-0,45) \times 2,1 \times 10^8 \times 15,68 \times 10^{-5}$
$\times 2,5 \times 10^{-4} = -32,48$
$E \times I \times \delta_{20}$ $= 5/4 \times 87,5 \times 1 \times (15,68 / 9,8)$
$+ 110 \times 0,20 \times 2,1 \times 10^8 \times 15,68 \times 10^{-5} \times 2,5 \times 10^{-4} = 356,10$

Gleichungssystem: (I): $5,667 \times X_1 + 0,592 \times X_2 = 32,48$
(II): $0,592 \times X_1 + 2,996 \times X_2 = -356,10$

Nach Lösen des Gleichungssystems ergeben sich: $X_1 = 15,53$; $X_2 = -122,51$

Auflagerkräfte:

$A = 35 + 18,53 \times 0,20 - 122,51 \times (-0,25) = 63,21$ kN;
$B = 110 + 18,53 \times (-0,45) = 77,16$ kN;
$C = -75 + 18,52 \times 0,25 = -79,37$ kN

Momente:

$M_a = X_2 = -122,51$ kNm;
$M_b = X_1 = 15,53$ kNm;
$M_c = 100 \times 3,0 = 300$ kNm

N-Linie: **Q-Linie:**

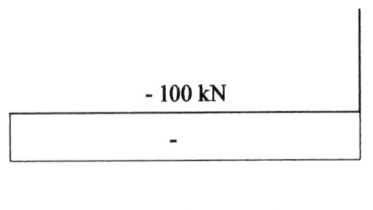
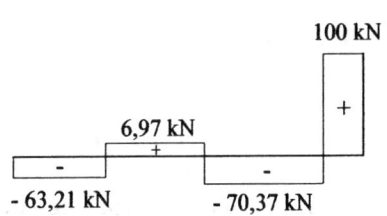

M-Linie:

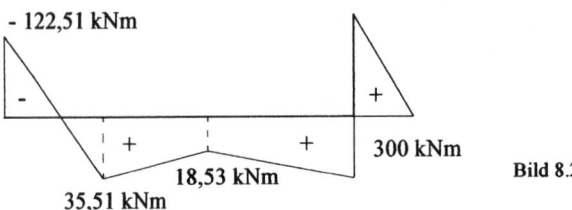

Bild 8.296

8.2.6 Zweifeldträger mit Verdrehung der Einspannstelle

Infolge Verdrehung der Einspannstelle um $\phi = 1°$ (im Gegenuhrzeigersinn) sind die Auflagerkräfte sowie die M- und Q-Linie zu bestimmen!

Anmerkung: $\quad E_1 \times I = 2 \times 10^5 \, kNm^2$

$$\epsilon_1 = 2,5 \times 10^{-4} \, m/kN$$

$$\epsilon_2 = 2,5 \times 10^{-4} \, m/kN$$

Statisches System und Belastung:

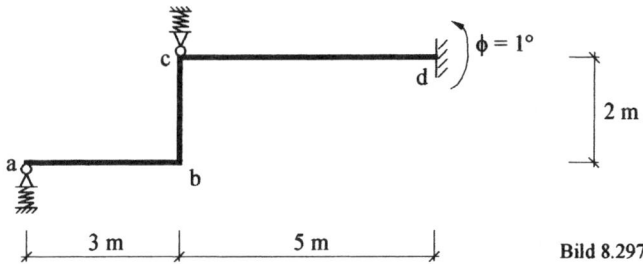

Bild 8.297

Lösung:

Grad der statischen Unbestimmtheit:

$$n = a + v - (3 \times s) = 5 + 0 - (3 \times 1) = \underline{\underline{2}}$$

Das System ist 2-fach statisch unbestimmt. Als Überzählige werden die Auflagerkräfte A und C angesetzt.

Verdrehung der Einspannstelle: $\quad \phi = 1° \longrightarrow 1 \times \Pi / 180° = 0,01745$

$\boxed{X_1 = 1}$ $\qquad\qquad$ M_1-Linie

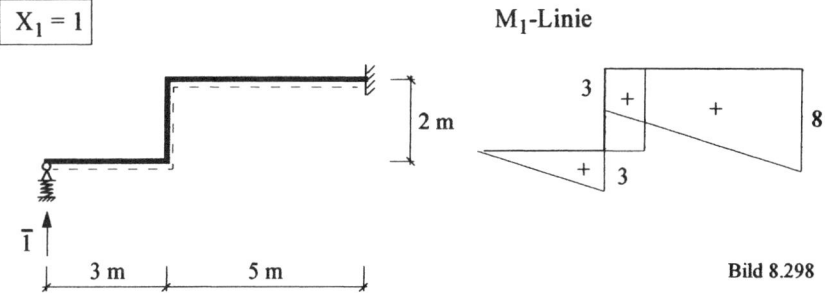

Bild 8.298

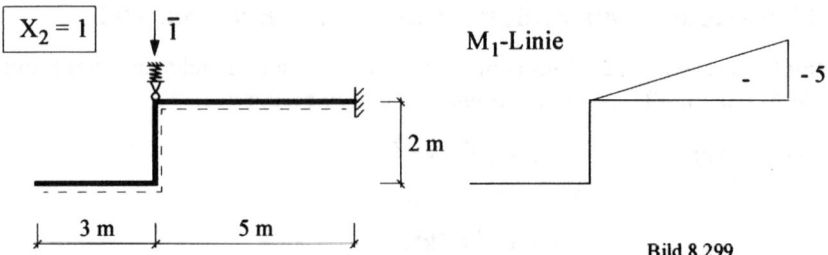

$X_2 = 1$ $\downarrow \overline{1}$ M_1-Linie

2 m

3 m   5 m

Unter Anwendung der Kopplungstafeln erhält man (*Federanteil kursiv*):

$E \times I \times \delta_{11}$ $= 3/3 \times 3^2 + 2 \times 3^2 + 5/6 \times (3 \times (2 \times 3 + 8) + 8 \times (3 + 2 \times 8)$
$+ \mathit{1^2 \times 2,5 \times 10^{-4} \times 2 \times 10^5} = 238,67$

$E \times I \times \delta_{22}$ $= 5/3 \times (-5)^2 + \mathit{1^2 \times 2,5 \times 10^{-4} \times 2 \times 10^5} = 91,67$

$E \times I \times \delta_{12}$ $= E \times I \times \delta_{21} = 5/6 \times (-5) \times (3 + 2 \times 8) = -79,17$

Da die Verdrehung im Gegenuhrzeigersinn auftritt, ist sie in der Elastizitätsgleichung negativ anzusetzen:

$E \times I \times \delta_{10}$ $= 8 \times (-0,01745) \times 2 \times 10^5 = -27925,27$

$E \times I \times \delta_{20}$ $= (-5) \times (-0,01745) \times 2 \times 10^5 = 17453,33$

Gleichungssystem: (I): $238,67 \times X_1 - 79,17 \times X_2 = 27925,27$

                       (II): $-79,17 \times X_1 + 91,67 \times X_2 = -17453,33$

Nach Lösen des Gleichungssystems ergeben sich: $X_1 = 75,47$; $X_2 = -125,21$

Auflagerkräfte: $A = X_1 = 75,47$ kN; $C = X_2 = -125,21$ kN;
                      $D = 1 \times 75,47 - 1 \times (-125,21) = 200,65$ kN

M-Linie: **Q-Linie:**

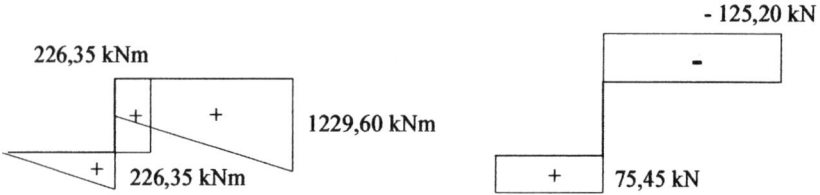

226,35 kNm

1229,60 kNm

226,35 kNm

- 125,20 kN

75,45 kN

8.2.7 Formänderungskontrolle am Zweifeldträger

Beim dargestellten Tragwerk wurden die Stütz- und Schnittgrößen wie folgt berechnet:

$$A_1 = 110,64 \text{ kN} \qquad M_1 = -36,61 \text{ kNm}$$
$$A_4 = 94,02 \text{ kN} \qquad M_4 = -19,83 \text{ kNm}$$
$$A_5 = 40,34 \text{ kN} \qquad M_5 = -96,54 \text{ kNm}$$

Mit einer Formänderungskontrolle sind die Ergebnisse zu überprüfen. Hierbei ist die Kontrolle an der Stelle 4 so zu führen, daß beim Nachweis beide Federn erfaßt werden.

$$E_1 \times I = 2 \times 10^4 \text{ kNm}^2$$
$$c_1 = 0,2 \times 10^4 \text{ kNm}$$
$$c_4 = 0,3 \times 10^4 \text{ kN/m}$$

Statisches System und Belastung:

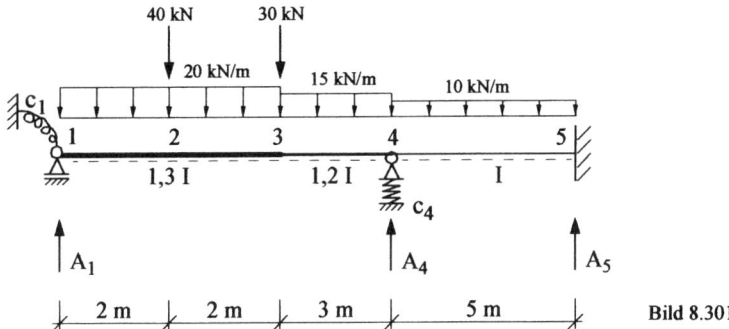

Bild 8.301

Lösung:

Zur Darstellung der Momentenlinie müssen noch die Momente M_2 und M_3 ermittelt werden:

$$M_2 = A_1 \times 2 - (20 \times 2^2) / 2 + M_1$$
$$= 110,64 \times 2 - 40 - 36,61 = \underline{\underline{144,67 \text{ kNm}}}$$
$$M_3 = A_1 \times 4 - (20 \times 4^2) / 2 - 40 \times 2 + M_1$$
$$= 110,64 \times 4 - 160 - 80 - 36,61 = \underline{\underline{165,95 \text{ kNm}}}$$

M-Linie (kNm):

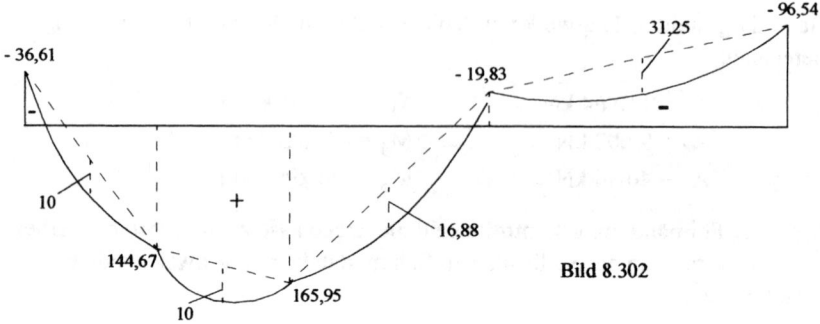

Bild 8.302

Aufschlüsselung der Momentenlinien:

Bereich 1-2:   Bereich 2-3:   Steifigkeiten

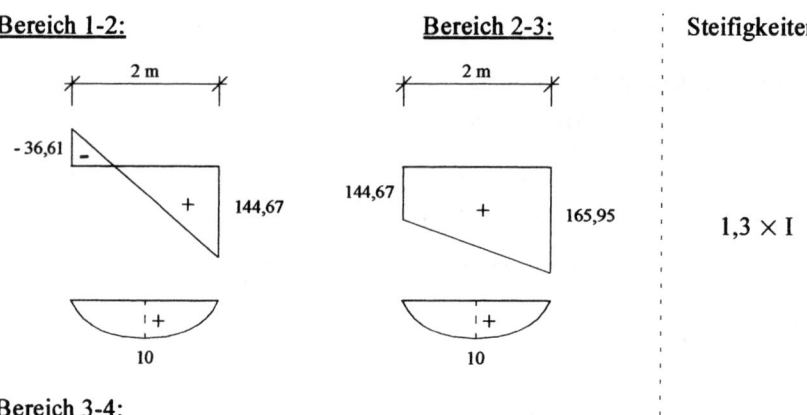

1,3 × I

Bereich 3-4:

1,2 × I

Bereich 4-5:   Steifigkeiten

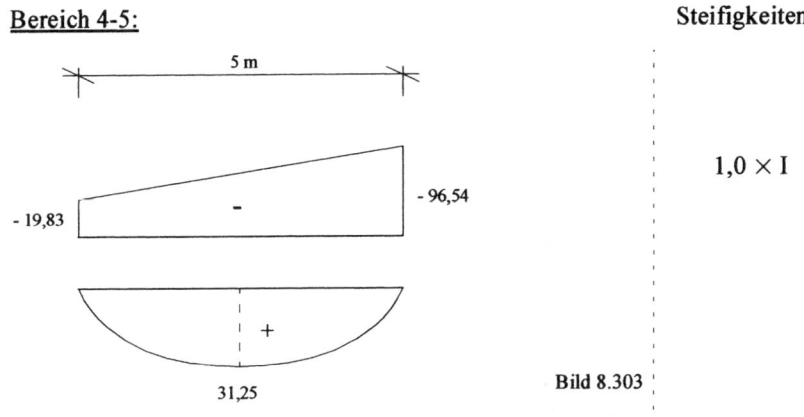

Bild 8.303

Gesucht: Formänderungskontrolle an der Stelle 4:

vorh. $E \times I \times \delta_c = E \times I \times C \times \varepsilon_N$

$$= 2 \times 10^4 \times 94,02 \times (1/0,3 \times 10^4) = \mathbf{626,8 \ kNm^3}$$

Formänderungskontrolle mit Reduktionssatz:

Verformungsgrößen von statisch unbestimmten Tragwerken können berechnet werden, indem die Stütz- und Schnittkräfte infolge der virtuellen Belastung am statisch unbestimmten System mit den Stütz- und Schnittkräften infolge der vorgegebenen tatsächlichen Belastung am statisch bestimmten Hauptsystem kombiniert werden.

Das heißt, eine der beiden Momentenflächen M oder $\overline{M}$ kann an einem in dem statisch unbestimmten System enthaltenen statisch bestimmten Hauptsystem ermittelt werden.

Die vorhandene Durchsenkung an der Stelle 4 ist auf der vorherigen Seite errechnet worden. Da beim Nachweis beide Federn erfaßt werden sollen, wird die $\overline{M}$-Fläche an folgendem statisch bestimmten Hauptsystem ermittelt:

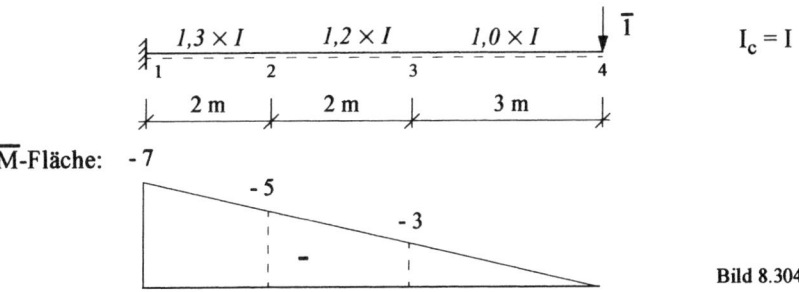

Bild 8.304

Ermittlung der Durchbiegung mit Kopplungstafeln *(Federanteil kursiv)*:

$$E \times I_c \times \delta_c \quad = 2/6 \times ((- 36{,}61) \times (2 \times (- 7) - 5)$$
$$+ 144{,}67 \times ((- 7) - 2 \times 5)) \times (1/1{,}3)$$
$$+ 2/3 \times (- 7 - 5) \times 10 \times (1/1{,}3)$$
$$+ 2/6 \times (144{,}67 \times (2 \times (- 5) - 3) + 165{,}95 \times ((- 5)$$
$$+ 2 \times (- 3))) \times (1/1{,}3)$$
$$+ 2/3 \times (- 5 - 3) \times 10 \times (1/1{,}3)$$
$$+ 3/6 \times (- 3) \times (2 \times 165{,}95 - 19{,}83) \times (1/1{,}2)$$
$$+ 3/3 \times (- 3) \times 16{,}88 \times (1/1{,}2)$$
$$+ \mathit{(- 36{,}61) \times (- 7) \times (1 / 0{,}2 \times 10^4) \times 2 \times 10^4}$$
$$= (- 452{,}26) - 61{,}54 - 950{,}30 - 41{,}03 - 390{,}09 - 42{,}20 + \mathit{2562{,}70}$$
$$E \times I_c \times \delta_c \quad = 625{,}3 \ kNm^3$$

Da die Abweichung zur vorher ermittelten vorhandenen Durchsenkung sehr gering ist, sind die gegebenen Ergebnisse richtig ermittelt worden. Die geringe Abweichung ist auf gerundete Zwischenergebnisse zurückzuführen.

8.3 Aufgaben mit Lösungshinweisen und Ergebnissen

8.3.1 Rahmentragwerk mit gemischter Belastung

Beim dargestellten Tragwerk sind die Stütz- und Schnittgrößen zu ermitteln:

$$E_1 = E_2 = E_3 = E_0 = 3 \times 10^7 \text{ kN/m}^2$$

$$I_1 = I_2 = I_0 = 5,4 \times 10^{-3} \text{ m}^4$$

$$I_3 = 3,6 \times 10^{-3} \text{ m}^4$$

$$\varepsilon_N = 2/9 \times 10^{-3} \text{ m/ kN}$$

Verschiebung (Senkung) des Lagers c um 1,5 cm

Statisches System und Belastung:

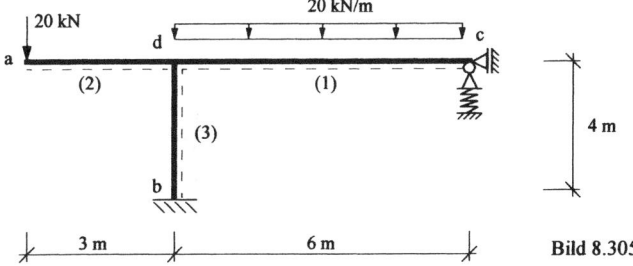

Bild 8.305

Kontrollgrößen:

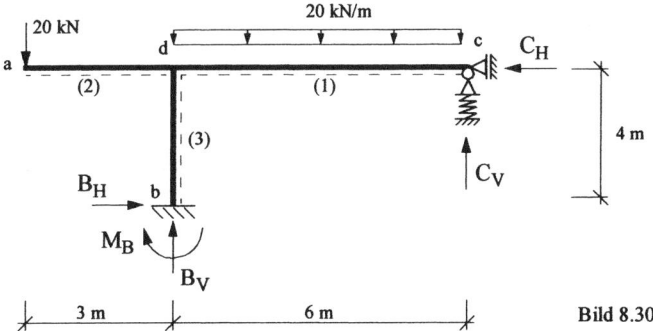

Bild 8.306

Auflagerkräfte: $B_H = 63,75$ kN, $B_V = 118,33$ kN, $C_H = 63,75$ kN,
 $C_V = 21,67$ kN

Momente: $M_b = 85,00$ kNm, $M_{d,u} = -170,00$ kNm, $M_{d,r} = -230,00$ kNm

8.3.2 Halbrahmen mit gemischter Belastung

Beim dargestellten Tragwerk sind die Stütz- und Schnittgrößen zu ermitteln:

$$E_1 = E_2 = E_3 = E_0 = 2,1 \times 10^8 \text{ kN/m}^2$$

$$I_1 = I_2 = I_0 = 4,25 \times 10^{-5} \text{ m}^4$$

$$I_3 = 8,5 \times 10^{-5} \text{ m}^4$$

$$\varepsilon_b = 4 \times 10^{-4} \text{ m/ kN}$$

Statisches System und Belastung:

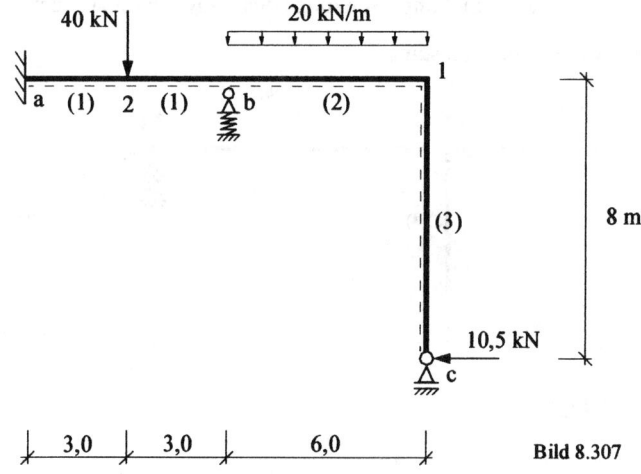

Bild 8.307

<u>Kontrollgrößen:</u>

$M_a = -56,2$ kNm, $M_2 = 24,86$ kNm, $M_b = -14,17$ kNm, $M_1 = -84$ kNm

8.3.3 Geknickter Zweifeldträger mit halbseitiger Belastung

Beim dargestellten Tragwerk sind die Stütz- und Schnittgrößen zu ermitteln:

$$E_1 = E_2 = E_3 = E_0 = 3 \times 10^7 \text{ kN/m}^2$$

$$I_1 = I_2 = I_3 = I_0 = 7 \times 10^{-3} \text{ m}^4$$

$$\varepsilon_b = 3 \times 10^{-5} \text{ m/ kN}$$

Senkung des Lagers c um 1 cm

Statisches System und Belastung:

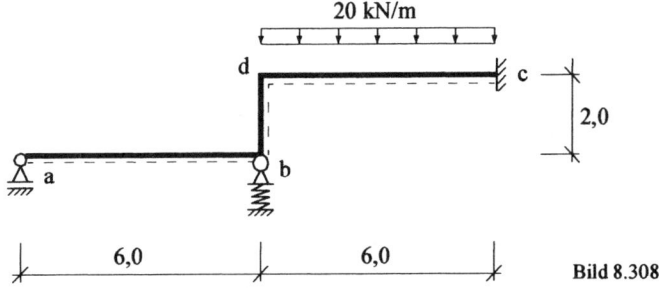

Bild 8.308

Kontrollgrößen:

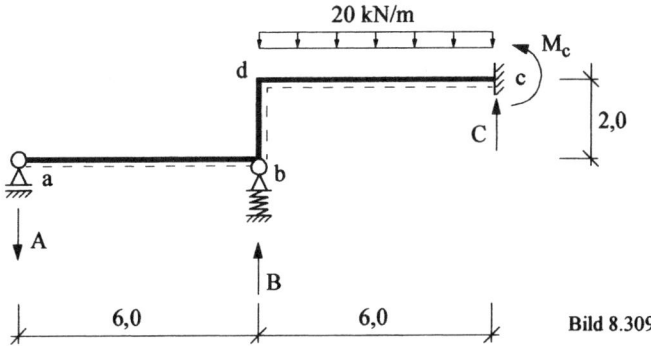

Bild 8.309

Auflagerkräfte: A = 11,17 kN,   B = 93,87 kN,   C = 37,3 kN

Momente: M_b = - 67,01 kNm, M_c = 69,22 kNm , M_d = - 67,01 kNm

8.3.4 Rahmentragwerk mit gemischter Belastung

Gesucht sind die vertikalen Verschiebungen der Punkte c, e, m.

$$E_1 = E_2 = E_3 = 3 \times 10^4 \, \text{N/mm}^2, \quad E_4 = 21 \times 10^4 \, \text{N/mm}^2$$

$$I_1 = I_2 = 3,5 \times 10^5 \, \text{cm}^4, \quad I_3 = 0,8 \times I_2$$

$$A_4 = 4 \, \text{cm}^2, \quad c_b = 5 \, \text{kN/mm}$$

Statisches System und Belastung:

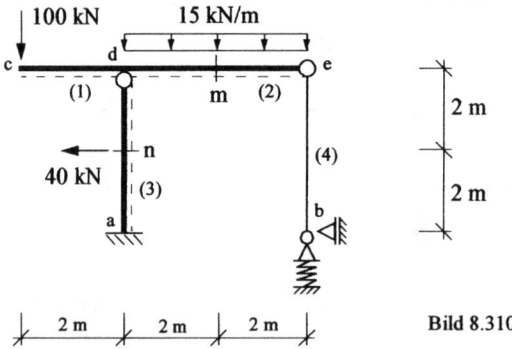

Bild 8.310

Kontrollgrößen: $\delta_c = 9,33$ mm ($\downarrow$), $\delta_e = 4,95$ mm ($\downarrow$), $\delta_m = 3,9$ mm ($\uparrow$)

8.3.5 Rahmentragwerk mit gemischter Belastung

Gesucht ist die horizontale Verschiebung des Punktes n am oben dargestellten System. Es gelten die gleichen Belastungen, Materialkennwerte sowie Geometriegrößen.

Kontrollgröße: $\delta_n = \overleftarrow{1,02}$ mm

8.3.6 Rahmentragwerk mit gemischter Belastung

Gesucht ist die gegenseitige Verdrehung der Stäbe 2 und 3 bei b am oben dargestellten System. Es gelten die gleichen Belastungen, Materialkennwerte sowie Geometriegrößen.

Kontrollgröße: $\phi_{2\text{-}3} = 0,14°$

8.3.7 Geknickter Träger mit gemischter Belastung

Gesucht ist die Verdrehung des Stabes 2 bei b!

$$E_1 = E_2 = 21 \times 10^3 \, N/mm^2, \qquad E_3 = 21 \times 10^4 \, N/mm^2$$

$$I_2 = 0,8 \times I_1 = 2,5 \times 10^5 \, cm^4, \quad A_3 = 4 \, cm^2, \quad f_b = 0,2 \, mm/kN$$

Statisches System und Belastung:

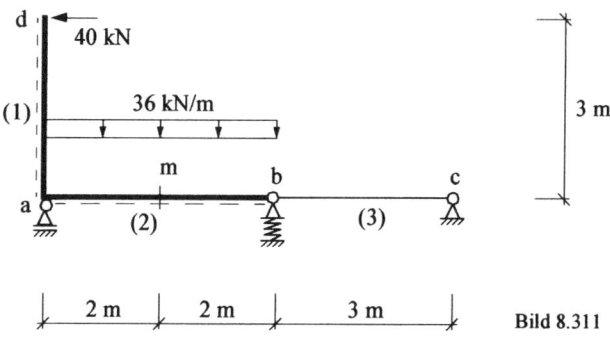

Bild 8.311

Kontrollgröße: $\phi_{2\text{-}3} = 0,26\,°$

8.3.8 Geknickter Träger mit gemischter Belastung

Gesucht ist die horizontale Verschiebung der Punkte d und b am oben dargestellten System.
Es gelten die gleichen Belastungen, Materialkennwerte sowie Geometriegrößen.

Kontrollgröße: $\delta_d = \overset{\longleftarrow}{4,3}\,mm, \qquad \delta_b = \overset{\longleftarrow}{1,43}\,mm$

8.3.9 Geknickter Träger mit gemischter Belastung

Gesucht sind die vertikalen Verschiebungen der Punkte m und b am oben dargestellten System. Es gelten die gleichen Belastungen, Materialkennwerte sowie Geometriegrößen.

Kontrollgrößen: $\delta_m = 4,2\,mm\,(\downarrow), \qquad \delta_b = 8,4\,mm\,(\downarrow)$

8.3.10 Abgehangener Zweifeldträger mit Kragarm

Gesucht ist die Senkung der Punkte n, b und e.

$$E_1 = 21 \times 10^7 \text{ kN/m}^2$$

$$E_2 = E_3 = E_4 = 3 \times 10^7 \text{ kN/m}^2$$

$$I_2 = I_3 = I_4 = 3 \times 10^5 \text{ cm}^4$$

$$A_3 = 5 \text{ cm}^2$$

$$f_b = 0{,}15 \text{ mm/kN}$$

Statisches System und Belastung:

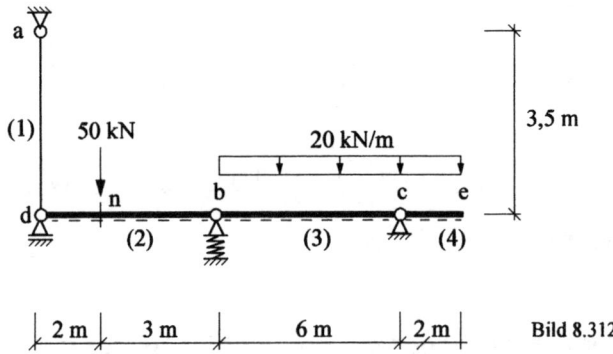

Bild 8.312

Kontrollgrößen: $\delta_n = 6{,}3$ mm ($\downarrow$) , $\delta_b = 11{,}0$ mm ($\downarrow$), $\delta_e = 5{,}44$ mm ($\uparrow$)

8.3.11 Abgehangener Zweifeldträger mit Kragarm

Gesucht ist die gegenseitige Verdrehung der Stäbe 2 und 3 bei b am oben dargestellten System. Es gelten die gleichen Belastungen, Materialkennwerte sowie Geometriegrößen.

Kontrollgröße: $\phi_{2\text{-}3} = 0{,}086°$

9 Diskontinuitäten

9.1 Allgemeines

In diesem Abschnitt werden Diskontinuitäten an statisch bestimmten und unbestimmten Vollwandträgern, Rahmentragwerken und Fachwerken unter ruhender Belastung betrachtet. Diskontinuitäten entstehen durch Fertigungsfehler bzw. durch gewollte oder ungewollte Fertigungstoleranzen. Um Auflager- und Schnittgrößen an statisch bestimmten Systemen zu bestimmen, verwendet man ebenfalls die drei Gleichgewichtsbedingungen $\Sigma\,H = 0$, $\Sigma\,V = 0$ und $\Sigma\,M = 0$. Bei statisch unbestimmten Systemen ist wiederum zunächst der Grad der statischen Unbestimmtheit nach der Gleichung: $n = a + g - (3 \times s)$ zu ermitteln.

Die in diesem Kapitel enthaltenen statisch unbestimmten Systeme werden mit Hilfe des Kraftgrößenverfahrens gelöst. Die endgültigen Auflager- und Schnittkräfte des statisch unbestimmten Systems findet man durch Überlagerung der Schnittkraftflächen. Die verschiedenen Arbeitsanteile aufgrund möglicher Diskontunuitäten sind in der folgenden Übersicht zusammengefaßt:

Diskontinuität	Statisches System	Arbeitsanteil
Stabverlängerung/ -verkürzung		$N \times \Delta\,u$
Knick		$M \times \Delta\,\phi$
Sprung		$Q \times \Delta\,v$
Stabverdrehung		$M_T \times \Delta\,\vartheta$

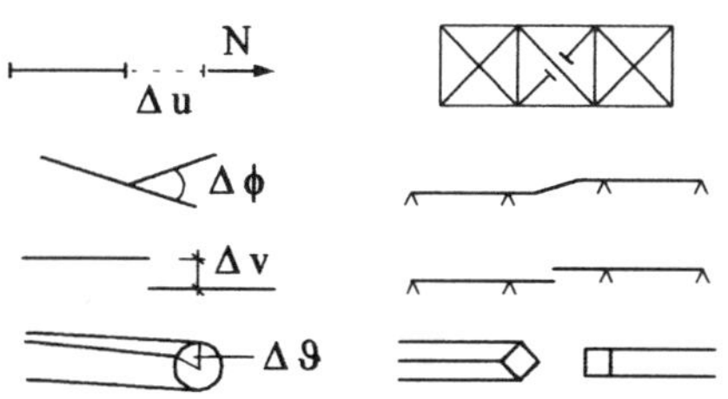

Bild 9.313

In der Arbeitsgleichung bilden diese Arbeitsanteile folgende Glieder:

$$1 \times \delta = \ldots + N \times \Delta\,u + M \times \Delta\,\phi + Q \times \Delta\,v + M_T \times \Delta\,\vartheta$$

Die Auswertung erfolgt mit Hilfe von Integraltafeln (Kopplungstafeln), die in allen gebräuchlichen bautechnischen Handbüchern zu finden sind.

9.2 Ausführlich erläuterte Aufgaben

9.2.1 Brückentragwerk mit Versatz

Eine im Freivorbau erstellte Stahlbrücke weist im Montagezustand in Brückenmitte einen Versatz von 5 cm auf. Damit die Brücke unter der Bedingung einer
kontinuierlich verlaufenden Stabachse in Brückenmitte geschlossen werden
kann, sind die Einzellasten P_1 und P_2 aufzubringen.
Bestimmen Sie die Beträge von P_1 und P_2, wenn die Eigenlast der Brücke
unberücksichtigt bleiben soll.

Statisches System und Belastung:

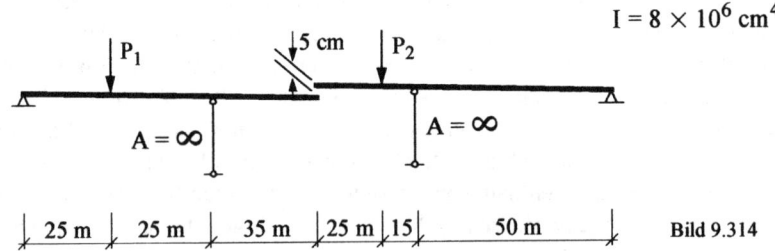

$$I = 8 \times 10^6 \text{ cm}^4$$

Bild 9.314

Lösung:

Im Folgenden werden die beiden Tragwerksteile getrennt betrachtet:

1. Kräfte P_1 und P_2 und Schnittgrößenverlauf in beiden Systemen:

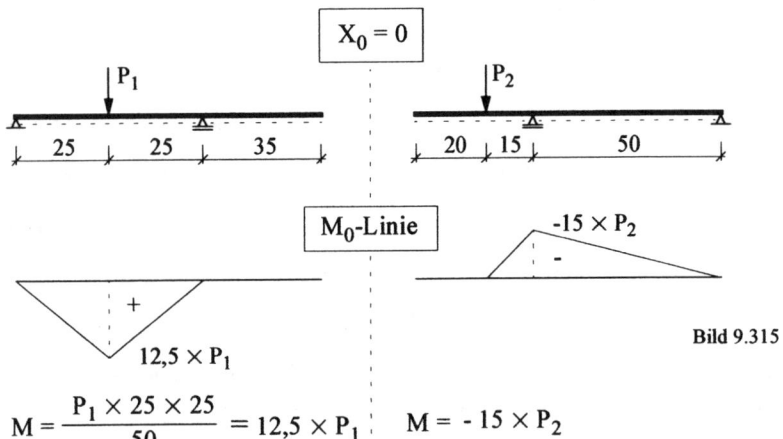

Bild 9.315

$$M = \frac{P_1 \times 25 \times 25}{50} = 12{,}5 \times P_1 \qquad M = -15 \times P_2$$

2. Verschwinden des Sprungs von 5 cm durch virtuelle Belastung:

An den Endpunkten der Kragarme werden jeweils Vertikallasten der Größe „1"
angesetzt, um die Verschiebung der Punkte zu ermitteln (Bild 9.316).

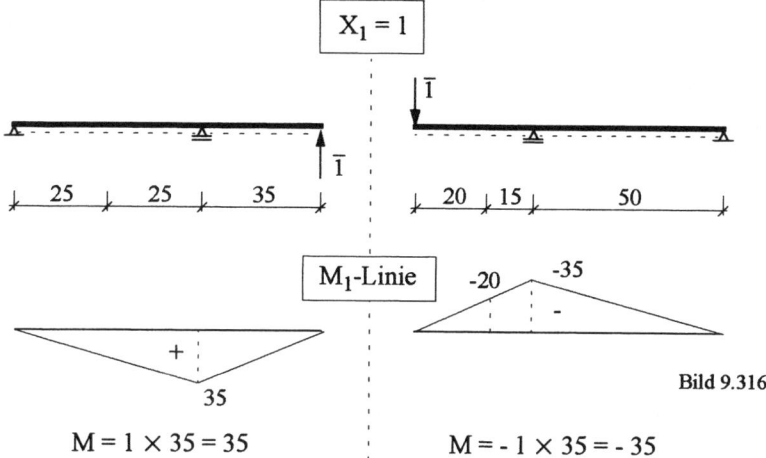

M = 1 × 35 = 35   M = - 1 × 35 = - 35

Bild 9.316

Nach Koppeln der beiden Zustände $X_0 = 0$ und $X_1 = 1$ ergeben sich für die Verschiebung der Kragarmendpunkte folgende Gleichungen:

$$E \times I \times \delta = 50/4 \times (12,5 \times P_1) \times 35$$
$$= 5468,75 \times P_1$$

$$E \times I \times \delta = 15/6 \times (- 15 \times P_2)$$
$$\times ((- 20) + 2 \times (-35))$$
$$+ 50/3 \times (- 15 \times P_2) \times (-35)$$
$$= 12125 \times P_2$$

3. Gleiche Neigung der Querschnitte durch virtuelle Belastung:

Um die Neigung der Stabachse zu bestimmen, werden jeweils virtuelle
Momente der Größe „1" an den Kragarmenden angetragen (Bild 9.317).

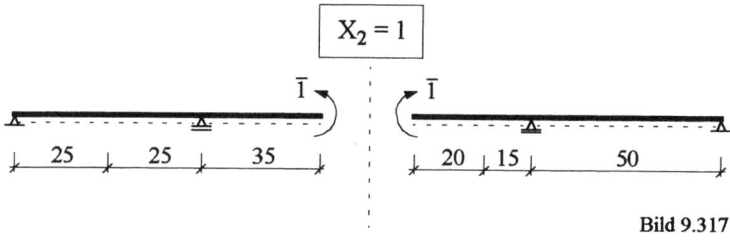

Bild 9.317

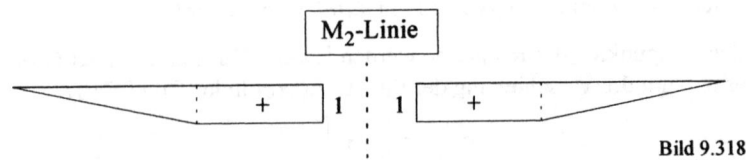

Bild 9.318

Nach Koppeln der beiden Zustände $X_0 = 0$ und $X_1 = 1$ ergeben sich für die Verdrehung der Kragarmendpunkte folgende Gleichungen:

$$E \times I \times \phi = 50/4 \times (12{,}5 \times P_1) \times 1$$
$$= 156{,}25 \times P_1$$

$$E \times I \times \phi = 15/2 \times (-15 \times P_2) \times 1$$
$$+ 50/3 \times (-15 \times P_2) \times 1$$
$$= -362{,}50 \times P_2$$

Um die Bedingungen:

a) Schließen des Sprunges von 5 cm (Gleichung I) und
b) Gleiche Neigung der Stabachsen in Brückenmitte (Gleichung II)

zu erfüllen, berechnet man folgendes Gleichungssystem:

4. Gleichungssystem zur Ermittlung der Kräfte P_1 und P_2:

(I) $5468{,}75 \times P_1 + 12125 \times P_2 = 0{,}05 \times 1{,}68 \times 10^7$
(II) $156{,}25 \times P_1 - 362{,}5 \times P_2 = 0$

Nach Lösung dieses Gleichungssystems erhält man: $P_2 = 33{,}85$ kN
$P_1 = 78{,}54$ kN

9.2.2 Zweifeldträger mit Sprung

Die beiden Tragsysteme sind unter der Wirkung der beiden Einzellasten V_1 und V_2 so zu schließen, daß im Punkt c der Sprung von 1 cm verschwindet und die Querschnitte dieser Stelle gleiche Neigungen aufweisen.

a) Bestimmen Sie die Kräfte V_1 und V_2 sowie den Schnittgrößenverlauf in den beiden Systemen.

b) Die Systeme werden unter der Wirkung von V_1 und V_2 im Punkt c geschlossen.

Wie ändert sich der Schnittgrößenverlauf im geschlossenen Tragwerk nach Entfernung der beiden Einzellasten V_1 und V_2?

Statisches System und Belastung:

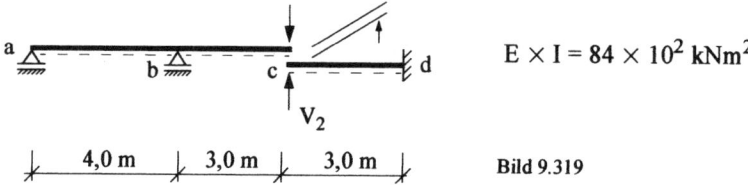

$E \times I = 84 \times 10^2 \ kNm^2$

Bild 9.319

Lösung:

1. Schnittgrößenverlauf infolge der Kräfte V_1 und V_2 an beiden Systemen

$\boxed{X_0 = 0}$

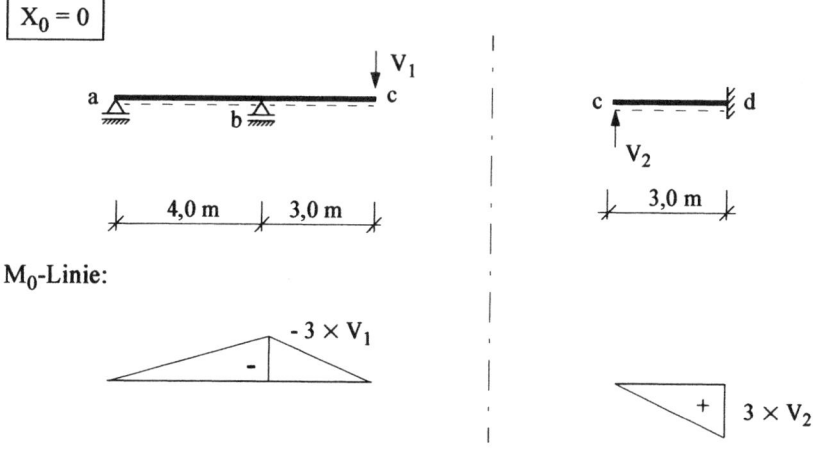

M_0-Linie:

Bild 9.320

2. Verschwinden des Sprunges von 1 cm ($\delta = 0,01$ m)

An den Endpunkten der Kragarme werden jeweils Vertikallasten der Größe „1"
angesetzt, um die Verschiebung der Punkte zu ermitteln (Bild 9.321).

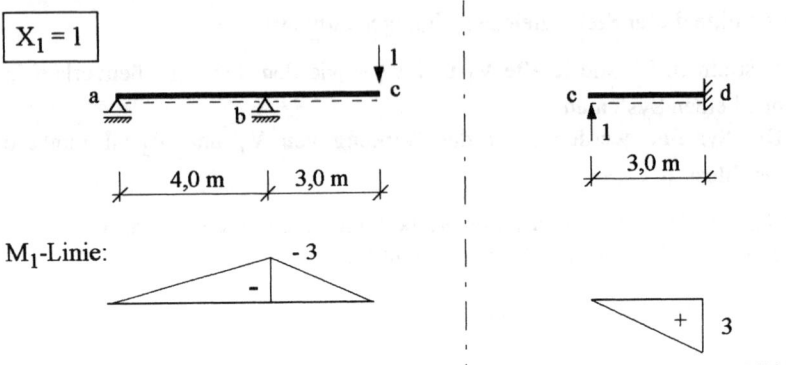

Bild 9.321

Unter Anwendung der Kopplungstafeln erhält man:

$$E \times I \times \delta = 4/3 \times (-3) \times (-3 \times V_1)$$
$$+ 3/3 \times (-3) \times (-3 \times V_1)$$
$$= 21 \times V_1$$

$$E \times I \times \delta = 3/3 \times 3 \times (3 \times V_2)$$
$$= 9 \times V_2$$

$$\mathbf{21 \times V_1 + 9 \times V_2 = 0,01 \times 84 \times 10^2}$$

3. Gleiche Neigungen der Querschnitte an der Stelle c

Um die Neigung der Stabachse zu bestimmen, werden jeweils virtuelle
Momente der Größe „1" an den Kragarmenden angetragen (Bild 9.322).

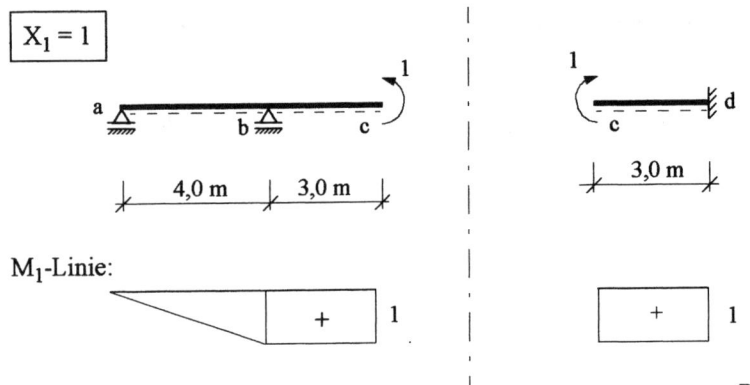

Bild 9.322

Unter Anwendung der Kopplungstafeln erhält man:

$E \times I \times \delta = 4/3 \times 1 \times (-3 \times V_1)$ $E \times I \times \delta = 3/2 \times 1 \times (3 \times V_2)$

        $+ 3/2 \times 1 \times (-3 \times V_1)$ $= 4,5 \times V_2$

        $= -8,5 \times V_1$

$$-8,5 \times V_1 + 4,5 \times V_2 = 0$$

Gleichungssystem: (I): $21 \times V_1 + 9 \times V_2 = 0,01 \times 84 \times 10^2$

                    (II): $-8,5 \times V_1 + 4,5 \times V_2 = 0$

Nach Lösen des Gleichungssystems ergeben sich: $V_1 = 2,21$ kN; $V_2 = 4,18$ kN

4. Schnittgrößen am geschlossenen System

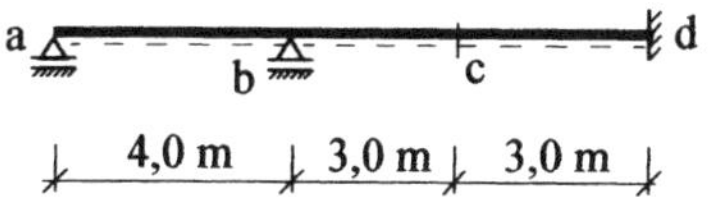

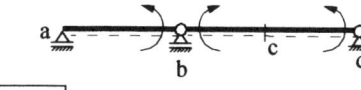

      | 4,0 m | 3,0 m | 3,0 m | Bild 9.323

<u>Grad der statischen Unbestimmtheit:</u>

$$n = a + v - (3 \times s) = 5 + 0 - (3 \times 1) = \underline{\underline{2}}$$

Das System ist 2-fach statisch unbestimmt. Als Überzählige werden ein Doppelmoment im Punkt b und das Einspannmoment M_d angesetzt (Bild 9.324).

Statisch bestimmtes Hauptsystem:

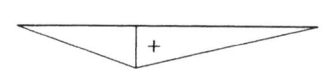

Bild 9.324

| $X_1 = 1$ |

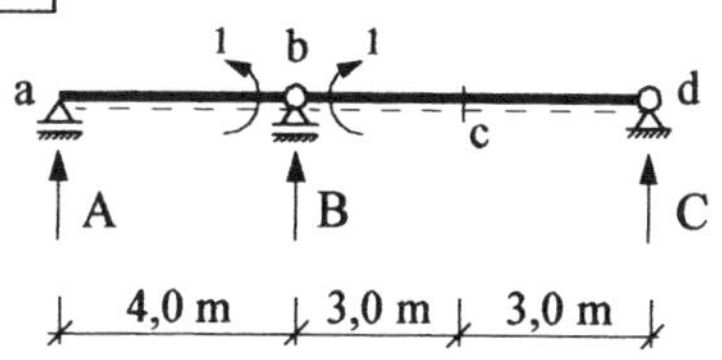

Auflagerkräfte:

$A = 1/4 = 0,25;$

$B = -1/4 + (-1/6) = -0,42;$

$C = 1/6 = 0,17$

| 4,0 m | 3,0 m | 3,0 m | Bild 9.325

M_1-Linie:

Q_1-Linie an der Stelle c:

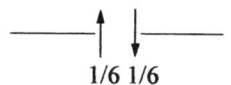

1/6 1/6

Bild 9.326

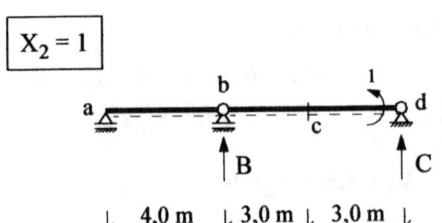

Auflagerkräfte:

$B = 1/6 = 0,17;$
$C = (-1/6) = -0,17$

Bild 9.327

M_2-Linie: **Q_2-Linie an der Stelle c:**

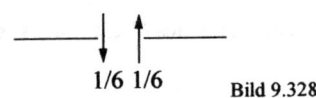

Bild 9.328

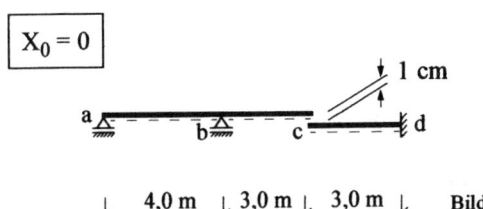

Bild 9.329

Damit ergeben sich:

$\delta_{10} = 1/6 \times 0,01 \times 84 \times 10^2 = 14$

$\delta_{20} = -1/6 \times 0,01 \times 84 \times 10^2 = -14$

$\delta_{11} = 10/3 \times 1,0 \times 1,0 = 3,33$

$\delta_{12} = 6/6 \times 1,0 \times 1,0 = 1,00$

$\delta_{22} = 6/3 \times 1,0 \times 1,0 = 2,00$

Gleichungssystem: (I): $3,33 \times X_1 + X_2 = -14$

                          (II): $X_1 + 2 \times X_2 = 14$

Nach Lösen des Gleichungssystems ergeben sich: $X_1 = -7,42; \quad X_2 = 10,71$

<u>Momente:</u> $M_A = 0$

                $M_B = -7,42 \text{ kNm}$

                $M_D = 10,71 \text{ kNm}$

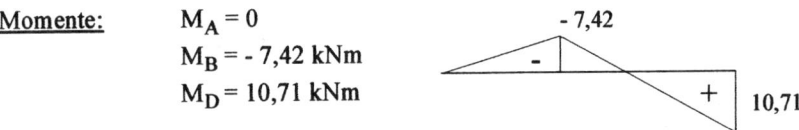

Bild 9.330

9.2.3 Absenkung der Auflager am Brückentragwerk

Die Montage der dargestellten Stahlbrücke erfolgte im Freivorbau. Damit das mittlere Feld zwängungsfrei geschlossen werden kann, sollen die Lager a und d abgesenkt werden.

Statisches System und Belastung: Träger: $I = 8 \times 10^6 \, \text{cm}^4$;　Stützen: $A = \infty$

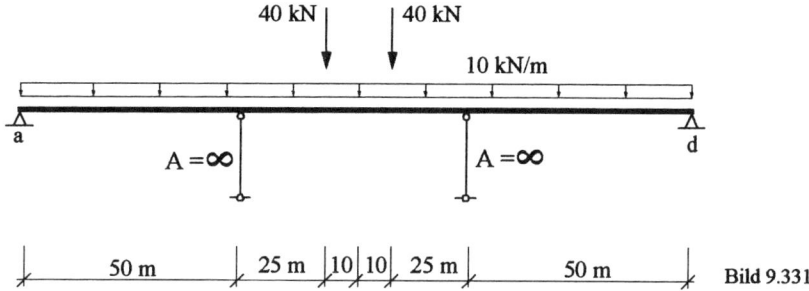

Bild 9.331

Lösung:

Da das Tragwerk hinsichtlich Systemabmessungen und Belastung symmetrisch ist, wird bei der Berechnung nur eine Tragwerksseite betrachtet.

1. Verformung des Tragwerks unter der gegebenen Belastung:

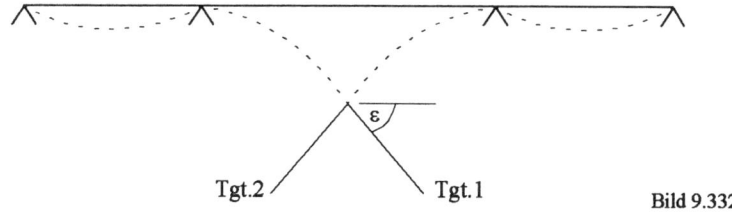

Bild 9.332

ε = Winkel der gegenseitigen Verdrehung der Tangenten 1 und 2 (Tgt. 1 und Tgt. 2)

2. Verformung des Tragwerks nach Lagerabsenkung:

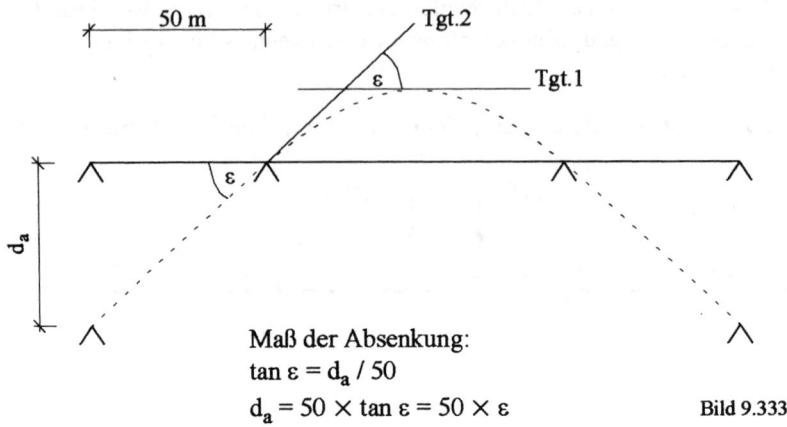

Maß der Absenkung:

$\tan \varepsilon = d_a / 50$

$d_a = 50 \times \tan \varepsilon = 50 \times \varepsilon$

Bild 9.333

Schnittgrößen am geschlossenen System

<u>Grad der statischen Unbestimmtheit:</u>

$n = a + v - (3 \times s) = 3 + 0 - (3 \times 1) = \underline{\underline{0}}$

Das System ist statisch bestimmt.

$\boxed{X_0 = 0}$

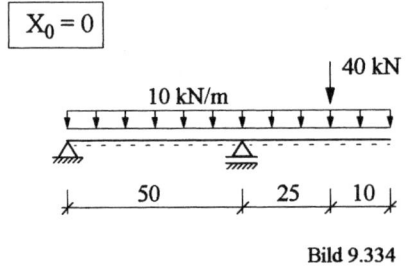

Bild 9.334

M_0 - Fläche infolge Gleichlast

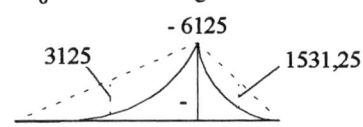

M_0 - Fläche infolge Einzellast

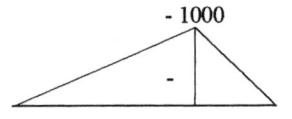

Bild 9.335

Um das mittlere Feld zwängungsfrei zu schließen, müssen die Querschnitte an der Schlußstelle die gleiche Neigung aufweisen, d.h. beide Querschnitte müssen kontinuierlich ineinander übergehen.

Um die Neigung der Stabachse zu ermitteln, wird am Trägerende ein virtuelles Moment der Größe „1" angesetzt (Bild 9.336).

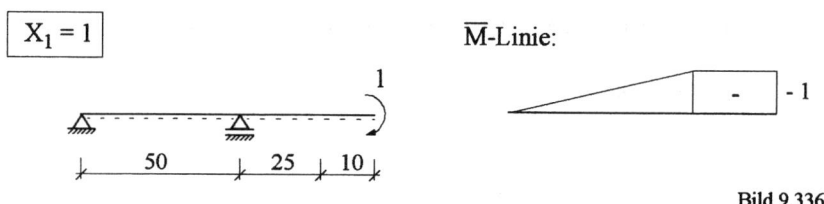

Bild 9.336

Nach Anwendung der Kopplungstafeln ergibt sich:

$E \times I \times \varepsilon = 50/3 \times (-1000) \times (-1) + 50/3 \times (-6125) \times (-1)$
$+ 50/3 \times 3125 \times (-1) + 25/2 \times (-1000) \times (-1)$
$+ 35/2 \times (-6125) \times (-1) + 2 \times 35/3 \times 1531,25 \times (-1)$
$= 150625 \ kNm^2$

mit $E \times I = 21000 \ kN/cm^2 \times 8 \times 10^6 \ cm^4$
$= 1,68 \times 10^{11} \ kNcm^2 = 1,68 \times 10^7 \ kNm^2$

$\varepsilon = 150625 \ kNm^2 / 1,68 \times 10^7 \ kNm^2 = \underline{0,00897}$

Damit ergibt sich: $d_a = 50 \ m \times \varepsilon = 50 \times 0,00897 = 0,448 \ m = \underline{\underline{44,8 \ cm}}$

Die erforderliche Absenkung der Lager a und d beträgt jeweils 44,8 cm.

9.3 Aufgaben mit Lösungshinweisen und Ergebnissen

9.3.1 Zweifeldträger mit Sprung

Gesucht ist der Schnittgrößenverlauf am geschlossenen System.

Statisches System und Belastung:

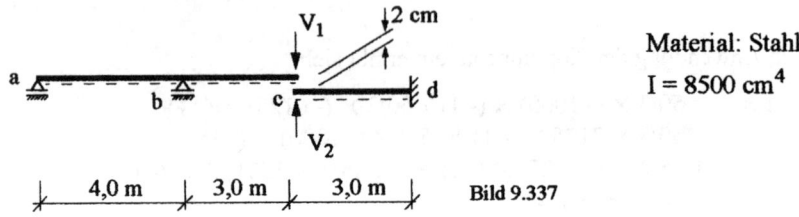

Material: Stahl

$I = 8500 \ cm^4$

Bild 9.337

Kontrollgrößen: $M_b = -31,54 \ kNm, \quad M_c = 45,51 \ kNm$

9.3.2 Überspannter Einfeldträger

Der Stab (3) ist um 1 cm zu lang eingebaut.
Gesucht ist der Schnittgrößenverlauf am geschlossenen System.

Statisches System und Belastung:

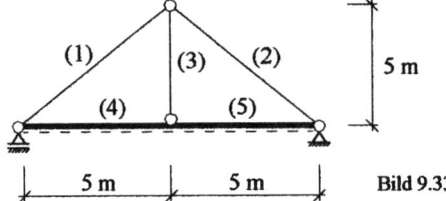

Bild 9.338

Material: Stahl
$I_4 = I_5 = 4000 \ cm^4$
$A_1 = A_2 = 400 \ cm^4$
$A_3 = 300 \ cm^4$
$A_4 = A_5 = 500 \ cm^4$

Kontrollgrößen:

M-Linie:

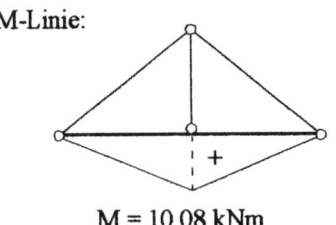

$M = 10,08 \ kNm$

Normalkräfte:
$N_1 = N_2 = 3,22 \ kN,$
$N_3 = -4,03 \ kN,$
$N_4 = N_5 = -2,52 \ kN$

Bild 9.339

Baukonstruktionen mit Lohmeyer

Gottfried C.O. Lohmeyer
Baustatik Teil 1

Grundlagen

8., überarb. u. akt. Aufl. 2002.
XIV, 280 S., mit 367 Abb. u. 42 Tab.,
130 Beisp. u. 116 Übungsaufg.
Br. € 29,90
ISBN 3-519-25025-X

Gottfried C.O. Lohmeyer
Baustatik Teil 2

Bemessung und
Festigkeitslehre

9. durchges. u. erw. Aufl. 2002. XXVI, 381 S.,
mit 266 Abb. u. 92 Tab., 145 Beisp.
u. 48 Übungsaufg. Br. € 29,90
ISBN 3-519-35026-2

Gottfried C.O. Lohmeyer
Praktische Bauphysik

Eine Einführung mit
Berechnungsbeispielen

4., vollst. überarb. Aufl. 2001. XIV, 705 S.
mit 293 Abb., 300 Tab. u. 323 Beisp.
Geb. € 49,00
ISBN 3-519-35013-0

Gottfried C.O. Lohmeyer
Stahlbetonbau

Bemessung - Konstruktion -
Ausführung

6., neubearb. u. erw. Aufl. 2002.
XVIII, ca. 500 S. mit 448 Abb., 194 Tab.
u. zahlr. Beisp. Geb. ca. € 46,00
ISBN 3-519-45012-7

Stand Oktober 2002
Änderungen vorbehalten.
Erhältlich im Buchhandel
oder beim Verlag.

B. G. Teubner
Abraham-Lincoln-Straße 46
65189 Wiesbaden
Fax 0611.7878-400
www.teubner.de

Teubner

Teubner Grundlagen Bauwesen

Wendehorst, R.

Bautechnische Zahlentafeln

Herausgegeben von Otto W. Wetzell in Verbindung mit dem DIN Deutsches Institut für Normung e. V.
30., aktual. u. erw. Aufl. 2002. 1352 S. mit 1.600 Abb. u. Tafeln, sowie 160 Beisp., Geb. mit CD-ROM € 49,90*
ISBN 3-519-45002-X

Hoffmann, Manfred (Hrsg.)

Zahlentafeln für den Baubetrieb

6., vollst. aktual. Aufl. 2002. 840 S. mit 637 Abb. u. 62 Beisp. Geb. ca. € 61,00
ISBN 3-519-55220-5

Neumann, D./Weinbrenner, U.

Frick/Knöll Baukonstruktionslehre 1

33., vollst. überarb. u. erw. Aufl. 2002. 760 S. mit 758 Abb., 109 Tab. u. 109 Beisp. Geb. ca. € 58,00
ISBN 3-519-45250-2

Neumann D./Weinbrenner U.

Frick/Knöll Baukonstruktionslehre 2

31., durchges. Aufl. 2001. 760 S. mit 831 Abb., 96 Tab. u. 24 Beisp. Geb. € 52,40
ISBN 3-519-35251-6

Stand Oktober 2002
Änderungen vorbehalten.
Erhältlich im Buchhandel
oder beim Verlag.

B. G. Teubner
Abraham-Lincoln-Straße 46
65189 Wiesbaden
Fax 0611.7878-400
www.teubner.de

Teubner